成为大女主

女性内在成长的7种力量

易见 著

人民邮电出版社

北京

图书在版编目（CIP）数据

成为大女主：女性内在成长的7种力量 / 易见著.
北京：人民邮电出版社，2025. -- ISBN 978-7-115
-67636-8

Ⅰ．B848.4-49

中国国家版本馆 CIP 数据核字第 20254T7S81 号

内 容 提 要

在这个快节奏、高压力的时代，许多女性陷入自我怀疑、情绪内耗和人际焦虑中，难以找到内心的平衡与力量。本书从心理学、自我认知和现实情况出发，为读者提供了一套系统的方法论，帮助其摆脱外界评判的束缚，建立稳定的内在秩序，活出更自由、更坚韧的人生。

第1章至第3章从自我感知出发，探讨如何读懂自己的情绪、需求和目标，避免被外界消耗；并且指出真正的成熟不是变得强硬，而是学会柔软与包容，接纳自身的不完美，才能在复杂关系中保持清醒。第4章至第6章聚焦行动与成长，鼓励读者摆脱比较心态，按照自己的节奏生活，并通过持续行动积累自信。第7章回归"我本位"，提醒读者真正的安全感来自内在，而非他人的认可；通过建立内心秩序、专注自我成长，才能避免被外界定义，活出真正自主的人生。书中每章均配有"日常修炼功课"，将理论转化为可操作的行动指南。

本书适合希望突破现状、实现精神独立与行动自主的女性读者阅读，当然，也适合那些渴望摆脱焦虑、提升内在力量、在不确定时代活出清醒人生的男性读者阅读。

◆ 著 易 见
责任编辑 张国才
责任印制 彭志环
◆ 人民邮电出版社出版发行　　北京市丰台区成寿寺路 11 号
邮编 100164　电子邮件 315@ptpress.com.cn
网址 https://www.ptpress.com.cn
北京市艺辉印刷有限公司印刷
◆ 开本：880×1230　1/32
印张：8.125　　　　　　　　　2025 年 8 月第 1 版
字数：160 千字　　　　　　　2025 年 11 月北京第 4 次印刷

定　价：59.80 元
读者服务热线：（010）81055656　印装质量热线：（010）81055316
反盗版热线：（010）81055315

你，是唯一的答案

40岁那年，我在一个教练课堂做助教，听到一个问题：未来10年，你在哪儿？那一刻，我头皮发麻，强忍住即将夺眶而出的泪水。我突然意识到自己的人生前半程看似华美，却经不起翻阅。所以，在人生后半程，我想活成一本手账，允许自由书写、涂改、留白，甚至折角。而这本书，就是我的第一页涂鸦。

7年前，我还是上市公司的人力资源管理者，每天出入写字楼，PPT里装着公司绩效考核、文化价值观落地方案和领导力培训规划。那些让我引以为傲的技能，却在面对孩子、家庭关系和自己的情绪时溃不成军。

家庭与事业，自我的发展与孩子的养育，想要的自由与角色的捆绑，让我陷入疲惫、内耗、纠结、拉扯和焦虑的状态。就像有人拿着树枝在平静的湖面上不停地搅动，让我不得安宁。

那年，我进入专业教练的系统课程学习。之后，我的人生就像打开了一扇通往新世界的大门，开启了探索自我、认识自我、突破自我、完整自我的旅程。这期间，我离开职场，成了一名创业者，通过自身的蜕变和成长，在实践中体悟、总结，然后通过对话开启人们的内在智慧和支持他们的内在成长。我定期在公众号、视频号、直播中传播如何开启内在智慧。到今天，我已经支持了近百人的内在成长、目标达成、人生转变，也包括组织内的人才发展，累计超过 2500 小时。

或许你也跟我一样，正在经历职场女性、妻子、母亲的三重角色，熟练掌握了工作和管理的技巧，却弄丢了感知自我的本能；能在会议中精准捕捉他人的想法，却读不懂自己的情绪。这种割裂感促使我开启了自己的人生实验，也让我触摸到当代人共同的生存困境：我们活得越来越像人工智能，用理性压制感受和直觉，用标准答案消解困惑，用社会时钟校准人生。这些"正确选项"拼成的人生地图根本不能指引真实世界的复杂地形，而那些真实的情绪、隐秘的渴望、本能的直觉却被贴上"不专业""不成熟"的标签，锁进意识的地下室。

在数千次对话中，我一次次看见不同的人在经历他们人生的抉择、痛苦和觉醒。本书中的对话就诞生于上千个这样的十字路口。从"我也可以写书吗"的自我怀疑，到今天提笔写下这篇自序，我用了 1 年时间，但书中的内容已经走过了 7 年。对我来说，本书已经不是单纯的文字积累，它是我的自我镜像。

我和这些鲜活的样本一起，最终凝结成支持女性内在成长的7种力量。

关于感知。那些总被指责"想太多"的女性，其实是手持高精度雷达的勘探者。当你在第 1 章学会将感知力转化为优势时，就会明白感受不是缺陷，而是个性定制的操作面板。"人生目标"不该是逻辑推导的产物，而应是身体记忆的显影。

关于包容。有人问我："为什么我越努力包容，就越感觉委屈？"这个问题让我重新审视边界与包容的关系。所有让你心累的关系，都藏着未被标明的领地。真正的包容，从守卫自己的精神领土开始。真正的理解不是无限度地退让，而是像照镜子般看清哪些情绪属于他人，哪些责任留给自己。

关于柔软。当对手炫耀肌肉时，真正的破局点往往在对方手肘弯曲的褶皱里。我们不必活成职场里的"战士"，流水般的柔韧反而会塑造更多可能，真正的突围往往发生在放下对抗的瞬间。

关于自我资源。人们总在抱怨资源匮乏，却忘记两点之间最短的距离是用自己的双脚走出来的轨迹，你携带的基因本就是最独特的资源库。当我们停止复制他人的人生模板时，属于自己的风水就开始流动。

关于自愈。那些摔碎的瞬间，往往是重组认知的最佳时机。允许自己每天有 5 分钟彻底失控，其余时间则保持正常运转。这种看似荒诞的自救法，实则暗合心理弹性的建构原理：完全的克制会导致崩盘，适度的释放方能续航。

关于行动。"决策 4 问"的诞生充满戏剧性：我在离婚冷静期的某个深夜，用 4 个问题坚定了自己的选择。后来，这组问题帮助很多人做出了"不后悔的决定"。它证明：重大决策的质量往往取决于我们向自己提问的勇气。

关于清醒。"大日记"实验曾让我毛骨悚然：当连续 30 天记录并观察自己的选择时，我发现大部分决定都在迎合他人的期待。这种清醒的痛楚反而催生了建立内心秩序的可能，就像在暴风雨中重新校准指南针，虽然过程颠簸，但真正的方位永远不会消失。

书中的"日常修炼"亦不是标准答案，而是我为你设计的思维健身房。

有人问我："在 AI 时代，内在成长还有意义吗？"我的回答在每一个章节里，探索内在不是风花雪月，而是数字化生存的刚需。因此，这不是一本教你在社会时钟里精准卡点的工具书，而是邀请你成为自己人生的首席体验官，让生命恢复弹性的基础代码。

你可能也会觉得困惑：为什么既有"把自己的感受放在第一位"的锋芒，又有"容错率越高越自由"的慈悲？既强调"两点之间直线距离最短"的果决，又推崇"柔软成长"的迂回？这种矛盾性恰恰是我刻意保留的认知张力——真正的成长从来不是非此即彼的选择，而是在两极之间找到动态平衡的支点。

这不仅是一本需要你阅读的书，跟随这本书去实践，可能会带给你什么呢？

★ **停止精神内耗，活出真我状态。**

有时候，消耗我们的其实是自己。身体累了休息一下，补充营养就可以恢复。那如何补给我们内在的营养、消耗和流失呢？看见自己，是活好自己的第一步。

★ **洞察恐惧的根源，体验身心合一的内在状态。**

"恐惧"这个词也许你不常听，更不常用。但很多时候，我们的某个举动、思维、决策，其实都跟恐惧有关。例如，如果你害怕不能够保住这份工作，你会怎么做？如果你担心孩子在某个阶段达不到什么目标，会如何影响你对孩子的规划？如果你担心自己年龄增长带来的变化，你会如何看待自己现在的人生规划？去觉察你的内在，是什么在驱动着这些外在的行为？当你带着清晰的意图在做某事时，你不会事后懊悔或内疚。你内心真实的想法是什么，然后就这样去做，才有可能体验到言行一致、身心合一的舒畅。

★ **拥抱情绪，感受它向你传递的信息。**

女性最大的问题常常来自情绪。我自己就是。所以，在这趟内在探索的旅程中，最大的受益者是我自己。很少有人能够清晰地描述自己的情绪和感受，因为这是一片陌生的水域。如何感知情绪想要向你传递的信息？这也许是你从未或者很难从其他渠道获取的信息。这样一来，它是不是就非常有价值了？

★ 摆脱曾经活在惯性和经验中的自我，步入真实、清醒和充满觉知的真我。

如果你愿意更多地走进自己、了解自己，你还有机会了解到真实的自我。成为真实的自己，本质上是一个过程，一个自我认知、自我成长和自我发展的过程。认识到自我，就像鱼儿知道自己是鱼，鸟儿知道自己是鸟，马儿知道自己是马，它会影响你如何生活、如何对待和享有自己的人生、如何运用自己的天赋、如何活出自己想要的人生。

"没有体验，什么都不会发生。"这是我非常喜欢的一句话，它道出了各种学习的本质，当然也包括自我探索。所以，我强烈地邀请你：

● 认真实践书中提供的方法和工具，行动再行动，因为输出是最好且最有效的学习方式；

● 留意和观察在阅读及实践的过程中，你所有的情绪和感受，试着面对它们，接纳它们；

● 对于暂时还无法完全用头脑和逻辑理解的信息，先搁置，不着急下结论，等待清晰。

生活带给我的唯一启示：我，是唯一那个人，能够给自己所寻找的东西。

当这本书最终抵达你手中时，我已完成写作者的使命。剩下的故事，该由你去书写，去批注，去推翻，去重建。那些在深夜纠缠你的困惑、在会议室压抑的愤怒、在亲子关系里发酵的愧疚，或许都能在这 7 种力量中找到解锁的契机。即使不能，至少你会知道：这条看似孤独的成长之路，从来都不是单行道。

我深信，当你主动选择开启这趟自我探索之旅时，你的世界就正在被开启。真正的你，值得被看见！

目　录

第 1 章　这个世界可能真的没有感同身受 – 001

1.1　读懂自我感知力，过想要的生活 – 004

1.2　"凭感觉"寻找人生目标 – 012

1.3　谁按下了你的情绪按钮 – 020

1.4　远离"他耗"，把自己的感受放在第一位 – 028

日常修炼功课："东张西望"，在观察中磨炼敏锐的感知力 - 035

第 2 章　包容是因为我不懂，但我愿意尝试去理解 – 041

2.1　你觉得心累，可能是把自己放在了对立面 – 044

2.2　你的容错率越高，那些人和事就伤害不到你 – 051

2.3　舒服的关系自带边界 – 057

2.4　万物皆有裂缝，接纳自己的不完美才是放下 – 066

日常修炼功课：学习狐狸的智慧，用多元视角悦纳不同 - 073

第 3 章　枪与玫瑰，随时待命 – 077

3.1　让能力长在势能上：职场女性的突围之路 – 080

3.2　顺势而为，不要把精力浪费在证明自己上 – 087

3.3　真正的成长不是你变得多强硬，而是变得柔软 – 094

3.4　你要先是你，才能成为无限可能的角色 – 099

日常修炼功课：向身体学习，汲取灵动应变的力量 - 108

第 4 章　你就是自己的资源中心 – 113

4.1　你的人生节奏不必参考任何人 – 116

4.2　自信来自大量的从"知道"到"做到" – 122

4.3　想要什么就直接创造，两点之间直线距离最短 – 130

4.4　启动不同能量，创造属于你的风水 – 136

日常修炼功课：用"为我所用"的思维做任何事 - 142

第 5 章　一边崩溃，一边自愈 – 145

5.1　心力不足时需要拓展情绪复原力 – 148

5.2　行动是最好的药，慢慢走也没关系 – 154

5.3　女性领导力要韧性，不要任性 – 161

5.4　人生如马拉松，前半程靠天赋，后半程靠坚韧 – 169

日常修炼功课：支棱心法——从"我期待"到"我选择"- 174

第 6 章　拿得起，放得下，不要等 – 179

6.1　任何时候开始一场人生实验都不晚 – 182

6.2　停下来，向内看，从觉察到选择 – 188

6.3　不主动调频，就会被调频 – 195

6.4　投资自己才是超越同龄人的唯一捷径 – 202

日常修炼功课：决策 4 问，做不后悔的决定 - 208

第 7 章　谁能让你幸福，谁就能让你迷失 – 213

7.1　启动"我本位"，才能建立自己的内心秩序 – 217

7.2　除了自己，你改变不了任何人 – 222

7.3　你不需要所有人的认可，只用关注自己的成长 – 228

7.4　每一段旅程的出发点都是自己的心 – 235

日常修炼功课：大日记——锻炼"清醒"的头脑 - 243

这个世界可能真的没有感同身受

❊

伤害我们的并非事情本身，而是我们对事情的看法。

——**埃比克泰德**（Epictetus） 古罗马哲学家

你看到的是半杯水，
还是未装满的杯子？

作家莫言曾说："在这个世界上，没有人真正可以对另一个人的伤痛感同身受。你万箭穿心，你痛不欲生，也仅仅是你一个人的事，别人也许会同情，也许会嗟叹，但永远不会清楚你伤口究竟溃烂到何种境地。"

我们渴望被理解，期待有人与我们感同身受。然而，现实却告诉我们一个不那么温柔的真相——这个世界可能真的没有完全的感同身受。这不是因为冷漠，而是因为每个人的成长背景、经历和情感交织成了独一无二的内心世界，如同一座座孤岛。即使最亲近的两个人，也难以完全跨越那道名为"自我"的海峡。

我们的感知力是如此个人化，它源于我们一路走来的每一步脚印，每一次心灵的触动。

因此，要想过得幸福，首先要了解自我感知力，它是我们理解自我和世界的关键。成为自己内心世界的探索者，我们才能明白自己内心真正的渴望，跟随内心的指引寻找人生目标。即使无人共鸣，我们也要勇敢追寻那份属于自己的光，不被外界的喧嚣和他人的期望所左右。

然而，我们的情绪常常会被莫名牵动。很多时候，这种情绪的波动源于我们对他人的过度在意，对社交关系中的琐事过分敏感，对周围的人抱有太多期待，导致自己的情绪陷入被动。因此，学会尊重自己内心的声音，勇敢地为自己的幸福和成长负责，是每个人成长的必经之路。

1.1　读懂自我感知力，过想要的生活

你可能有过类似的体验：

- 见到某人或走进一个空间，你的身体会感觉紧绷、不自在；
- 听到他人对你的一些负面反馈，你马上就开始怀疑自己；
- 别人的一些作为会轻易地牵动你的情绪起起落落；
- 没有受到周围的人给你的肯定和认可，会让你觉得委屈；
- 想要做决定，却思虑重重、犹豫不决，有各种担心。

这些紧绷、怀疑、情绪起伏、委屈和担心都是我们的自我感知。通常，如果我们轻易放过这些感知到的信号，身处其中却毫无意识，就很难付诸行动去调整。这就是为什么很多人被琐事消耗能量，不再有多余的能量去做事，离想要的生活越来越远。

我们会有很多自我感知，只有读懂它们，我们才可能将其变成行动，从而靠近自己想要的生活。

例如，你可能会感觉最近总是很疲劳，身体有些沉重，精神状态也不太好。当你了解这些身体的自我感知，意识到这可能是长期缺乏运动和不健康的生活方式所致时，你可能会制订慢跑计

划，并每天增加蔬菜和水果的摄入量。随着时间的推移，你的身体逐渐变得轻盈，精神状态也越来越好，离健康活力的生活状态更近了一步。

在工作中，你时常觉得自己虽然能够完成手头的任务，但没有太多成就感，而且似乎一直处于重复劳动的状态，没有成长空间。这种自我感知让你意识到目前的工作内容可能已经无法满足你的职业发展需求。于是，你开始利用业余时间学习新技能，并主动向领导申请参与一些更具挑战性的项目。经过一段时间的努力，你成功转型到一个更有发展前景的岗位，离自己理想中的事业目标又近了一些。

在了解自我感知，进而将其转变成行动的过程中，通常会有两个盲区，它们决定了我们如何使用这些感知。

第一个盲区：只关注自己的内在世界时，很难聚焦行动。

我们有时会陷入自身的情绪、想法和感受中，不断剖析自我，却难以有实际的行动。如果一个人深知自己具有绘画天赋且对绘画充满热情，但只停留在对这份热爱的自我陶醉与幻想之中，反复琢磨自己的灵感和创意，就会因为担忧无法完美呈现而迟迟不动笔。沉浸于内心的想象与纠结，被种种"如果""万一"绊住手脚，导致时间和精力空耗，而那些潜在的优秀作品永远停留在脑海里，无法转化为现实世界中的具体画作，错失展现的机会。

第二个盲区：不了解自己在情绪、行为和认知背后的真正原因，导致失去与自我感知的深度连接，错失成长的机会。

一个人在工作会议上突然变得愤怒，可能他会认为是同事的提案不合理，实际上可能是这个提案触及了他内心深处对自己工作能力不足的焦虑。如果没有意识到这种潜在的触发点，他就很难控制情绪。有些人在沟通中会频繁打断别人说话，自己却认为是积极参与的表现，而没有意识到这是一种不礼貌的行为。有些人可能觉得自己的工作成果水平非常高，对客户的反馈不屑一顾，却没有意识到自己还有许多需要学习和改进的地方，因而失去了自我提升的机会。

由于缺乏对自我感知的深入了解，人们往往错失成长的真正机会。同时，对自我感知认识的缺乏也会导致内在动力不足，一旦遇到困难或外界评价的转变，就容易陷入迷茫和停滞，无法持续前行，最终也难以收获真正属于自己的成就和满足感。

所以，一个人能否过上想要的生活，取决于他是否了解自我感知力。

小超是一位职场女性，自从 2020 年以来，她一直担心下行的经济大环境对工作的影响。公司发布的任何消息都会引起她的高度警惕。如果发现这些消息跟自己的工作内容无关，她就会一切照旧。但凡涉及自己所在的部门，她就会诚惶诚恐、小心翼翼。

有一次，我们聊到了她近年的工作状态。我隐约感到这背后有值得探索的部分，于是有了下面这段我和小超的教练对话。

✿ "担心"原来是一种动力！

我：前面你说最近几年都没有晋升，你也一直担心现在工作的稳定性，这种状态是从什么时候开始的？

小超：大概从 2020 年开始的吧。

我：你怎么看自己担心的这种状态？

小超：担心好像是我一直以来的底色。每当我感觉到不安全时，担心就会跑出来，我就会开始想做点什么。

我：你真正担心的到底是什么？

小超：我担心自己如果没有竞争力，很可能在某一轮裁员中被裁掉。

我：你担心的事情发生了吗？

小超：没有。

我：那如果继续带着这样的担心，你期待后面会发生什么？

小超（沉默了几秒）：我觉得我担心的事情可能会发生，因为我都担心这么久了，就好像在期待它发生一样。

我：这一刻你有什么体验？

小超：我觉得这就是吸引力法则，我用了 4 年的力量去吸引那些我不想要的。可能我要再花一些力量在我真正想要的上面。例如，前面当我讲我想要什么时，我就很有力量；当讲到我的忧虑和担心时，好像一下子就很迷茫，沉浸在那个担心中，我就不知道该怎么动了。

我：那你是怎么走到今天的？

小超（笑）：好像也是担心带着我一路走到这里，否则我就真的躺平了。

我：这一刻，你怎么看自己的这种担心？

小超：聊到这，我忽然发现它好像一直在保护我。因为担心，我其实一直在小步慢走，并没有完全停下来。但过度陷入担心时，我又感觉自己缺乏行动的力量。

我：你觉得你的担心在告诉你什么？

小超：我觉得它在告诉我需要做点什么保持自己的竞争力，同时又不要沉浸其中，我需要把担心的力量放在行动上。如果过去几年我做了更多，这期间至少会有晋升的机会。

小超的经历是我们大多数人的人生中的一个缩影。要想掌控人生的第一步，就要了解自我感知力，找到帮助我们靠近人生目标的真正动力。

那么，如何读懂自我感知力，摆脱无意识地消耗自己呢？它需要经历 3 个维度。

第一个维度：对自我身体的感知。

感知到了，就能及时应对，做出调整。对身体的感知，会引导我们采取相应的行动来满足身体的需求。

例如，当你站在人前准备进行公开演讲时，可能会立刻感知到自己身体的一系列变化：手掌出汗，喉咙发紧，甚至大脑空白。你感知到的身体变化，其实是一种面对公开发言时的紧张和焦虑。当你逐渐学会识别这些身体信号时，你可以通过深呼吸等方式调节身体的反应，从而缓解紧张的情绪，更好地完成演讲。

第二个维度：对自我情绪的感知。

武志红曾经说过，任何情绪、感受和体验都是天然产生的，它们都在告诉我们一些信息，在指引我们走向好的成长之路。

换句话说，你不在感知里，就在思维里。你会用大脑思考现在的处境，用理智判断怎样才是最好的方式和结果。

可能你曾有过这样的经历：身处热闹的聚会场合，周围的人都在欢声笑语、尽情交流。如果此时你感觉到自己被一种孤独的情绪笼罩，尽管周围充满欢乐的气氛，但内心的这种情绪却异常清晰。也许是因为在这个聚会中，你没有找到真正能深入交流的人。这种感受让你更加意识到自己在当下这个聚会情境中的真实心境，以及希望融入聚会、深度交流的渴望。

感知到这一点，你可以试着更主动地与不同的人交流，抱着开放的心态去沟通和体验，而不只是作为旁观者。

第三个维度：对自我认知的感知。

自我认知的感知是一个非常庞大的内在感知体系，它包括感知自己的思考方式、觉察注意力焦点以及你对自我的认知。例如，你倾向于逻辑思维，还是直觉思维？在一个环境中，你能否知道自己是专注于某个人的讲话，还是周围的干扰？你是否了解自己的优劣势、决策模式、防御机制、热爱和卓越性等，也都在自我认知的感知范畴。

例如，你刚加入一家新公司时在团队会议中经常保持沉默，即使有时你对讨论的话题有独到的见解。起初，你将这种沉默归咎于缺乏自信。然而，随着时间的推移，你开始意识到，在会议中你担心自己的观点不够成熟，这种担忧导致你在思考时更加谨慎，从而错过了表达的机会。当你能够认识到这种思考方式实际上限制了自己的表达和成长时，就会有意识地调整自己的注意力，开放自己的表达，同时也留意大家的反馈。

要精准了解以上自我感知的 3 个维度也并非易事，因为它无法一蹴而就。同时，它也可以很简单，你唯一需要做的就是不断有意识地调整自己的注意力。

当你没有感受到一些东西时，就不用着急去表达，也不用去附和别人。

如果你真的感受到一些东西，只需要留意它、观察它，而不是让它直接变成你对自己的认知。当你的感受很强烈时，就尽量尝试多表达出来，用文字、绘画，甚至任何艺术的形式都可以。反复做，你的感受就会越来越跟随自己内心的指引。

想要掌控自己的人生，就要能精准地捕捉到自己的起心动念，然后行动干脆利落。慢慢地，你就会过上自己想要的生活。

我们越了解自我感知的信息，就越会感知自己。对自己更了解，这是自我感知力的回归。当我们开始对自己足够了解时，对他人的感知力、对这个世界变化的感知力、对美的感知力及对生命的感知力都会逐一打开。

🔍 本节思考题

- 当你感受到压力时，你的身体通常会有哪些感知？它们在向你传递什么信息？

- 回忆最近一次在社交场合中的经历，当时你对自己的身体和情绪有怎样的感知？它们如何影响你在社交中的表现和互动？

- 当面临重大决策，如职业转型、选择伴侣或购置房产时，你会如何运用自我感知力全面了解自己的真实需求，确保在决策过程中不被外界因素左右？

请你仔细感知这些问题，以及你是如何回应它们的。感知，从这一刻开始。

1.2 "凭感觉"寻找人生目标

7 年前，我走进了国际教练认证课的课堂。通过一次次练习、提问和互动，我不断了解自己、看见自己。这次学习开启了我人生新世界的大门，让我亲身体验到教练这个职业的魅力。3 个月的学习结束时，内心涌动的热情与向往促使我想立即辞职从事教练工作。但当时老师对我说："千万不要冲动，再去体验一下，等待合适的时机。"的确，似乎没有什么理由让我必须放弃一份收入尚可的工作，于是这个念头被暂时搁置。

直到 3 年后的某天，当我重返教练课堂担任助教时，一个问题如惊雷般击中了我："未来 10 年，你在哪？"刹那间，无数画面与感受在体内翻腾。一边是沿着现有的轨迹维持现状，虽物质充裕却并不开心；另一边是前途未卜却令人心潮澎湃的新领域。就在那个瞬间，我非常坚定地做出决定：辞职去做教练！在这股无比强烈的感受的推动下，我提交辞呈，婉拒公司的再三挽留和替代解决方案，放弃唾手可得的股票期权，终于实现了 3 年前深埋心底的愿望。

同年裸辞期间，我攥着 4 万元学习资金在"视觉引导"和"职业生涯规划"两门课程中徘徊。前者助我构建视觉教练的系统认知，后者是在为人生后半场寻找稳妥且顺手的出路。我犹豫了。没有下一份确定的工作录用通知，没有稳定的收入，该选择心之所向，还是现实安稳？

庆幸的是，我最终遵从内心选择了前者。

至今我还在这条路上前行，虽经历了未知、失败、挫折，也穿越过无人理解的痛苦和孤独，却始终热情不减。回望来路，正是因对自我感受的充分觉察与追随，指引我找到了人生方向。

感知的力量常被低估。

你或许会觉得"凭感觉"在追求确定性和效率的现代社会，似乎总带着一些不靠谱的意味。我们习惯用理性分析利弊、权衡得失，规划看似稳妥的人生道路：

- 从填报志愿开始，"热门专业""就业前景"便压倒性地凌驾于内心热忱之上；
- 职场中为求晋升，强迫自己适应厌恶的工作环境，只因为这是"对的选择"。

这样的选择，不能说有什么错，但走着走着你可能会发现生活沦为机械地重复，自己对生活失去了热情，无法坚持，甚至不喜欢。

这是因为大多数人可能把别人的目标当成了自己的目标，把他人的喜好当成了自己的喜好，把别人的活法当成了自己的活法。所以，很多时候，你会发现：有些路别人走得通，你却走不通；有些目标他人能实现，你却屡屡碰壁；有些活法众人称羡，你却倍感煎熬。

没有人生目标的生命，纵然生活仍在继续，有吃有喝，有玩有乐，却总在夜深人静时被空虚啃噬，感受不到发自内心的喜悦。因为人生目标承载着动力与热情，持续赋予我们生活和存在的意义。

我们找到了自己的人生目标，就找到了永不枯竭的能量源泉。它激励我们主动克服实现自己想要的生活中的困难和挑战、激发创造力，并让我们不断思考各种新的可能性，在困境中开辟新路径。

当从事与自己目标契合的活动时，我们会感到一种深深的满足感。这是感知的馈赠。这种一步步向着目标前进的满足感是无法用金钱衡量的。

创业初期，即使在很长一段时间内需要处理一些执行性的、服务性的琐碎工作，或者看似无关的工作，我也毫无怨言。这是一种清晰地知道自己所做的每一件事情、走的每一步路，都是在向目标靠近时才会拥有的接纳、开放。这种认知带来更高维度的视野使人超越眼前得失，而非受困于当下。

你知道吗？那些改变世界的先行者都在有意无意地运用自己的"感觉"代替"思考"。史蒂夫·乔布斯曾说："我跟随直觉与好奇心，遇到的很多事物后来都成为无价之宝。"这其实是在说，"感觉"在寻找人生目标过程中的重要性——当我们凭借感觉探索未知时，往往能邂逅那些对自己具有重大意义和价值的事物，从而找到自己的目标所在。

✿ 看似不靠谱的"感觉"是内心深处最真实的反馈机制。

Amy：刚刚过去的 2024 年对我来说比较特殊，因为结束了在一家公司长达 15 年的工作。我希望展开下一阶段的人生下半场。但是，我感觉到非常迷茫，到底自己要的是什么，也不清晰。所以，好像我也无从行动。今天想探索一下我到底想要什么？

　我：你希望在人生下半场遇见的是什么？

Amy：我说不清楚具体是什么，但我希望自己能够获得一种自在、智慧、喜悦的生命。

　我：嗯，自在、智慧、喜悦。

Amy：我想再加上一个松弛感。

　我：这些词跟你提到的人生下半场之间是什么关系？

Amy：它们似乎是一些我想要的感受，但是又不够具体，好像没办法指导我。

　我：前面你提到离开了工作 15 年的公司，为什么？

Amy：好像我希望生活中有一些变化，那时候心里有一个声音，希望我停下来，回顾一下，思考一下，才能带着清晰和确定性继续往前走，而不是随波逐流地活着。

　我：我有一个感受，似乎你知道自己想要的是什么？你怎么看？

Amy：嗯，最近一年的学习中，我有一些方向，我也很享受前面提到的那些状态。例如，当周围有朋友找到我咨询时，虽然我的资历还不够，但是用我学习到的东西支持他人，好像这种感觉是我想要的。但是，我又感觉好像不够确定。

我：你几次提到了"确定"，它是什么？

Amy：我希望知道这个方向能否支撑我的人生下半场。我的选择是对的吗？有经济回报吗？

我：怎么才能知道呢？

Amy：我觉得没人能告诉我，好像做什么选择都可以，又好像不做也行。

我：一开始你提到的那 4 个想要的感受，你觉得它们在告诉你什么？

Amy：嗯（停顿了几秒），在给别人提供咨询或者帮助他人时，这些感觉就来了。但是现在这一块基本没有什么收入，我又有点不确定了。

我：如果不考虑收入，做什么是让你觉得不会随波逐流地活着？

Amy：我觉得是助人的工作，可能是心理咨询或者其他类似的，现在有很多这种工作。

我：此时我好像感受到了更多的确定性。

Amy：是的。

我：到目前为止，你对自己有什么新发现？

> Amy：我想说，其实今天的探索会让我不断地看见自己的矛盾。一方面我说自己不想过随波逐流的人生，但另一方面我又因为担心想要体验的那些东西没有保障而没有行动力。
>
> 我：听上去你不太愿意选择相信自己的感受?
>
> Amy：是的。过去我的人生都在权衡利弊，这就是为什么我在上一家公司工作了这么久都没有离开。但就像你刚才问我，怎么做才不会随波逐流，我觉得我应该尝试着相信它。

不仅是 Amy，我想大多数人都不太愿意相信自己的感觉，但它其实是我们内心最真实的反馈机制。

人生恰似茫茫大海上的航行，若无明确的方向，很容易在波涛汹涌中迷失。而自我感受便是那座指引方向的灯塔，引领我们驶向真正向往的彼岸。当我们面临诸多选择时，内心的感受会如同一股无形却有力的力量，推动我们做出契合灵魂的抉择。

乔布斯，这位改变世界的传奇人物在计算机科技与人文艺术的十字路口，毅然决然地追随内心对完美设计与极致用户体验的炽热追求。他不顾市场上已有的传统观念与技术局限，执着地投入大量精力与心血，打磨每一款苹果产品。从 iMac 的惊艳问世到 iPhone 的颠覆式创新，他凭借对内心感受的坚定追随，不仅开创了个人事业的辉煌篇章，更重塑了全球数十亿人的生活方式，让科技与美学完美融合，成为时代的标志。

马斯克同样如此，在新能源汽车被传统燃油车巨头垄断、太空探索被视为烧钱且遥不可及的领域时，他的内心却被一种强烈的使命感驱使。他渴望为地球的可持续能源发展开辟新路径，为人类成为星际物种的梦想添砖加瓦。于是，特斯拉汽车在质疑声中崛起，SpaceX 一次次向着浩瀚宇宙发起冲击，成功实现火箭回收等壮举。马斯克用行动证明，倾听内心感受，敢于挑战未知，方能跨越重重艰难险阻，铸就非凡伟业。

回首过往，那些让我们深感满足、充满成就感的时刻往往源于我们顺从了内心的感觉。而那些留下遗憾、满心懊悔的经历，或许正是因为我们违背了自我感受，在他人的期待与世俗的标准中迷失了方向。

"感觉"是我们在做某些事情时的那种得心应手的感觉；是当我们看到一幅美丽的画作时，内心涌起的那股感动与向往；是听到一段动人的旋律时，不由自主地沉醉；是阅读一段精彩的文字时，与作者思想碰撞产生的共鸣。

这些瞬间的"感觉"绝非毫无意义的情绪波动，而是我们内心深处的渴望发出的信号。正如乔布斯执着打磨产品美学、马斯克突破传统造车思维创立特斯拉，他们用行动证明：唯有倾听内心感受，才能跨越重重阻碍，创造非凡价值。

人生如航海，自我感知便是穿透迷雾的灯塔。若你曾经忽视这些"感觉"的瞬间，不妨通过以下问题重拾指引。

1. 回忆童年时期的兴趣

- 小时候，你最喜欢做的事情是什么？
- 是什么让你在做那些事情时感到无比快乐？
- 这些兴趣如果能发展成职业或长期追求，会是什么样？

2. 关注每个当下的情绪体验

- 在日常生活中，什么活动最能让你感受到兴奋和满足？
- 这些活动有什么共同的特点或主题？
- 如果能将这些活动变成你的生活重点，你的人生目标可能会是什么？

3. 探索内心渴望和幻想

- 当你畅想未来生活时，最吸引你的场景是什么？
- 这些场景体现了你怎样的价值和追求？
- 如何将这些价值和追求转换成具体的人生目标？

4. 尝试新事物并观察感觉

- 尝试某个新事物时，你的第一感觉是什么？
- 你是否愿意在这个新领域付出更多时间、金钱和精力？
- 如果你继续深入这个领域，你的目标可能会是什么？

回答以上问题，请关闭理性分析，让感受自由流淌。对于你真正热爱的事情，感受会在第一时间毫无保留地浮现。与以往不同的是，你只需要试着与这些感受对话，并且多做几次。

1.3 谁按下了你的情绪按钮

情绪是关于一个人内在体验的，通常与之伴生的感受是关于身体体验的。

我们经常通过身体的反应感知情绪。恋人去公园约会时，步伐轻快，兴奋得心脏怦怦跳。这时，兴奋就是一种情绪，身体的感受是心脏怦怦跳。人们在重要的工作面试前夜可能会焦虑，这种焦虑可能使身体的肌肉紧绷，双手出汗。这时，焦虑是一种情绪，而肌肉紧绷、双手出汗就是身体的感受。

情绪与身体反应如影随形，看似我们在驾驭情绪，实则常被情绪操控。

有一个普遍存在的现象：在各类成长课程、瑜伽、疗愈或关系类的课程中，女性学员往往占据多数。这源于男女能量使用的差异：女性更倾向于感性思维，情感中心更活跃。这种特质既能让女性敏锐地感知爱与美好，也会放大对痛苦的体验。为缓解负面情绪带来的困扰，女性往往更主动寻求自我成长。正如俗语所言：谁痛苦，谁改变。但无论你喜欢与否，情绪始终潜移默化地影响着我们的生活。

故事一：老板的"狡辩"

Helen 所在的集团公司被收购后，新投资人入场，大家明显感觉到新东家对财务指标的关注，工作节奏陡然加快，工作压力比以往更大了。某日临近下班，上司对 Helen 说："有个急活，明天各个 BU（业务单元）业务主管开会，需要各自团队成员后面两个季度的人力成本测算，你明天一早记得给我！" Helen 想了想说："可以，但里面有些数据一定是不准确的，因为……"上司说："知道了。"就这样，晚上回家熬到凌晨 2 点，Helen 把数据整理出来并连夜发给上司。次日，上司却把 Helen 叫到办公室责问："这个数据不准确，为什么还要发给我？" Helen 回答："是的，昨天和今天凌晨的邮件里，我都提前跟您说了这个问题。"上司矢口否认："我不记得了。"此时，上司面露不悦，而 Helen 心里也非常不舒服。

故事二：未兑现的承诺

Mia 的导师受邀在某学术论坛上发言，方向是本专业的研究和实践。作为导师在这个领域最紧密的合作伙伴，导师把撰写发言稿的任务交给了 Mia。导师承诺共同署名并在公众发言中提及她，这让 Mia 倍感信任与激励。于是，Mia 放下手里的工作全力以赴准备这篇发言稿。然而论坛当天，导师全程未提 Mia 的贡献。那个瞬间，Mia 的心里一沉。面对事后"场合不合适"的解释，Mia 虽怒火中烧，却为维系合作选择隐忍。

故事三：摄像头开与关的插曲

这天我约了一位新合作伙伴沟通前次的工作复盘，为此我预定了线上会议。通常线上会议时，我都会打开视频，这会让我感觉到人与人更紧密的连接。到了约定的时间，小伙伴如约上线。

我问她："你要开视频吗？"她说："不想开。"我说："OK，没问题。"

两个月之后的第二次线上会议，她突然对我说："你要开视频啊！我现在已经习惯开会开视频了。"那个瞬间，我心里有一个声音："为什么你要开，我就得开呢？"犹豫了一下，我半开玩笑地回复她："你习惯了，我就得开着？"并且在这段文字后面加了一个苦笑的表情，我希望它既表达了我的真实想法又不至于太严肃。过了一会儿，对方回复了一个哈哈的表情。我感受到了表情背后对方的尴尬。

故事四：加不上微信的苦恼

这天我正在家里开会，楼下的保安打电话说："你的车被其他业主的车蹭了，来看看吧！"下楼查看后，我发现是对方全责，就在几天后拿着责任认定书去 4S 店修车。工作人员告诉我需要加对方车主的微信发一个授权，于是我给对方打电话说明情况。本以为这是一件特别简单的事情，没想到对方说："为什么要加微信？不加！你找我保险公司！"我说："保险公司的部分已经完成了，现在需要您本人完成一个授权。做完这个授权，咱们把彼此的微信删除了就行。"可是无论怎么解释，对方都不肯配合。结果明明几分钟就可以办完的事情，最后兜兜转转一下午才解决。那个下午的那通电话让我感觉心里有点堵。

以上故事只是我们生活和工作中的几个切片，或许它们与你遇到的情况有相似的地方，或许完全不相同。借这些日常的故事，我想跟你一起探索在那个当下，到底是谁按下了我们的情绪按钮？我们绕过事件本身去关注它们背后的部分，也许这些相似点对你会有借鉴意义。

在这些不舒服的事件背后，似乎都是因为别人的不作为或行为按下了我们的情绪按钮，好像没有一件事情是因自己而起，但为什么有情绪、感到不舒服的是我们？

这让我意识到，认识情绪是怎么形成的非常重要，否则我们可能会误解情绪波动的真正原因，从而把精力放在错误的地方。令人不适的情绪与身体的疼痛类似，是一种信号，它在告诉我们哪里不对劲。我们都知道身体有小的不舒服时可以先自我诊断，如果有需要再去咨询医生、接受治疗。同样，我们在感受到消极情绪时，也可以先主动找寻线索。

这些事件可能引发了我们内在的某些东西。当我们了解了引发情绪的源头时，处理了这些部分，以后它们可能就不会再次引发不适，就会减少消极的情绪和感受对我们的影响。

美国心理治疗师阿尔伯特·艾利斯（Albert Ellis）提出的情感 ABC 模型揭示：一个触发事件（A）会导致某种情感结果（C），而这个结果源于该事件对于当事人的意义（B）。这个模型表明，引发情绪的不是事件本身，而是事件对我们的意义。那么，这些事件对我们来说意味着什么？

当我观察引发情绪的想法时，我发现有些念头会在我的头脑中自动浮现。如果没有特别仔细地观察过它们，我几乎注意不到它们的存在。例如，当你的上司路过你的工位时对你说："下班前到我办公室来一下。"这时，你会产生什么情绪？什么念头会立刻在你脑海中闪过？你可能会感到一丝不安，你可能会想："他找我肯定又要挑毛病！"或者你也可能感受到的是受到重视，因为你相信过几天的会议上司又需要你的建议了。

一旦这种一闪而过的念头出现，我们的大脑就会启动"自我保护程序"，这是大脑的一种应对策略。大脑的"自我保护程序"遵循我们已经形成的信念和行为模式，目的很简单，就是保护我们不受伤害。这种基于本能的模式限制了我们对事件的反应，它引导我们朝着自动化的路径和惯性走去。

所以，真正按下情绪按钮的不是别人，正是我们自己。

当触及内在"痛点"时，"自我保护程序"就会自动启动，我们会感受到自己和周围的环境变得莫名其妙，好像一切都显得不那么顺利。这时，我们对自己和周围的人、事、物就会产生某种局限的认知。在前面的故事中，这些对自我的局限认知就是 Helen 认为上司故意质疑她的能力、Mia 感到被忽视、我觉得对方在控制和被贴上"不信任"标签的关系。与此同时，对他人的局限认知是这是一个不敢承担责任的上司、这是想要独享名誉的导师、这是一个以自我为中心的伙伴和这是一个对人没有信任感的车主。这些认知偏差如同滤镜，扭曲了事实的真实面貌。

通过自我对话练习，我们可以打破这种认知定式。

❀ 你的情绪不是你！

一个我：上面的这些想法是真的吗？

另一个我：当然是真的，不然我为什么会不舒服？

一个我：你有多确定这是真的？

另一个我：应该是吧。

一个我：听上去有些不确定？

另一个我：好像是的。我意识到这都是我的想法，我好像没有注意到另一方的想法，这个拼图似乎并不完整。

一个我：你觉得真相可能是什么？

另一个我：真相？我从来没这么想过。但你这么问，我想也有这种可能：上司的事情太多，可能确实没有留意到，如果我觉得重要，可以再次口头强调；导师对当下场域的评估可能确实更适合先聚焦内容，而不是作者；合作伙伴只是为了回应我上次邀请她打开摄像头的提议；而那个车主可能是某个重要人物，不希望被打扰。

一个我：当你说出来这些时，现在感觉怎么样？

另一个我：虽然我不确定这些是不是真的，但我的情绪好了很多，好像也更理解他们了。

一个我：还有呢？

另一个我：嗯，还有就是我忽然觉得他们怎么想已经不重要了。其实，情绪的按钮一直在我自己手里。

一个我：这个变化过程是怎么发生的？

另一个我：好像当我把注意力从自己身上移开时，以前坚信的一些想法就已经开始松动了。我在思考一个问题：为什么我会受到这些情绪的困扰？

一个我：为什么？

另一个我：也许我以前对自己一直有误会：认为那些情绪就是我，我就是容易有情绪的人。但现在我意识到这些外在的事件只是引发了我内在的某些东西，我需要处理的是先搞清楚那些部分。

毫无疑问，没有人能始终保持冷静和强大，所以愤怒、恐惧、担忧、委屈等不愉快的情绪都是对烦心事的正常反应。你可能会好奇，身处事件当中时，我们怎样才能把注意力从自己身上移开呢？

我们已经知道大脑会本能地采取各种方式保护我们。虽然我们会产生消极情绪，但大脑保护我们的方式是这些情绪会让我们给自己找到一个"合理的理由"，从而把责任都甩到其他人身上。以下有两种简单易行的方式。

第一种是非常常见且有效的方式，叫作呼吸锚定法，即在情绪激动时深呼吸，然后在内心默数 5 ~ 10 秒。通过身体的放松和计数获得时间上的距离，让理性追上本能反应，这是迈向内平衡的一小步。

如果你还想提高舒适感，可以尝试第二种练习方式，叫作躯体觉察法。这两种方式没有前后顺序，你可以都尝试一下，从而找到更适合自己的方式。

首先，有意识地觉察你的内心正在发生什么变化，用语言表达你的感受。你可以用自我对话的方式，或者照着镜子对自己说："是的，我现在感觉很委屈和愤怒。"

其次，闭上眼睛数 5 个，然后睁开；或者快速地转动几下眼球（类似眼保健操的做法，上下左右），切断情绪反刍。

最后，如果有条件的话，前后走动一下或者离开房间，或者先挂了电话、出去接杯水、拿起水杯喝口水等。这样通过物理空间的隔离，让你离开紧张的环境，避免了不必要的情绪升级。当然，前提是你已经跟对方解释了你需要一点空间或时间。

很多女性常常面临来自情绪的压力。而如果你去问她："你有什么感受？"或者，"你的心情如何？"通常，少有人能够清晰地描述自己的情绪和感受，因为这是一片陌生的水域。

我在与情绪相处的过程中发现，我们不是要用更少的语言描述情绪，而是要用更多的语言、更加细致和具体的语言描述它。试着用显微镜观察情绪："焦虑"具体是心慌、手抖，还是胃部紧缩？"愤怒"呈现为语速加快、体温上升，还是肌肉紧绷？

每种情绪都是带着意义来到我们面前的。如果过去你一直试图将它驱赶，那么从现在开始，你需要重新审视每一种情绪的存在。我们并不希望产生消极的情绪，总想快速摆脱它们。我们可能会努力在某些人面前隐藏情绪，或者在某些人面前让情绪爆发。如果我们有意压制那些自己误以为不该产生的情绪，就会切断心灵邮差给我们传递的重要信息。

> ### 本节思考题
>
> - 在以往的经历中，哪一次情绪体验让你印象最深刻？当时是什么引发了你的情绪？
> - 当情绪被引发时，你通常采用的应对方式是什么？这些方式是让事情好转，还是变得更糟？
> - 你是否能够坦然面对不同的情绪而不试图改变它们？

1.4 远离"他耗"，把自己的感受放在第一位

在我下定决心的那一刻，我感到既痛苦又有所感悟。我清醒地知道，自己的婚姻不能再这样继续下去了。为了维护家庭的和谐，为了给孩子营造所谓"完整"的家庭形象，我在 15 年的婚姻中隐忍，让对方消耗我的情绪、精力和能量。

我一直知道我们之间有很多不同，但是我曾经认为都不是问题的问题却实实在在成了最大的挑战，尤其是原生家庭的影响。

如果可以和而不同，婚姻本身是可以继续的。我认为双方都需要为这个"继续"付出努力。

然而，直到尝试了很多年后，情况不但没有变化，反而变本加厉。我突然意识到，成长永远是个体的修行，在任何情况下，我们都有 3 种选择：接受事物本来的样子、改变自己或他人、果断转身离开。

该选择哪一种呢？前面两种，我都尝试过了。当我发现改变的重担最终落在我一个人肩上时，愤怒时常涌上心头。但是，没有人逼迫我们做出选择。我开始意识到自己无法接受这段婚姻的现状，也无法改变任何人。在一段婚姻中，如果只有一个人在用力，而另一个人却在往相反的方向用力，结果就是消耗、拉扯和伤害。

于是，我决定把自己的感受放在第一位，选择离开这段婚姻。如果任由它继续发展，我的人生就被他人困住了。推动我不断坚定的正是这股强大的感受，以及还有一个简单的事实：我别无选择。要么走回原来的老路，继续委屈自己，忽视现实；要么允许自己看清事实，开辟一条遵从自我感受的道路。

毫无疑问，我花了 15 年时间才走到这一步。这个过程也许远比你看到的这些文字更加艰难和痛苦。作为妻子、母亲、女儿，这个负担很沉重，沉重得令人难以承受。

我曾那么害怕改变自己的婚姻状态，因为我知道它会影响孩子。每当想到这一点，我的内心就备受煎熬。一个母亲该如何在孩子的幸福和自己的解放之间做出选择？这几乎是无法选择的事情。只有当她完全确信，保持现状虽然看上去无恙，但长久看来是有害的，她才敢向前迈进一步。

我的情况便是如此。如果我过多关注他人的感受，我看到的就是自己在这段婚姻中的"凋零枯萎"，那已经不是我了。如果保持现状，别说教育孩子，我连自己都无法照顾好。保持现状，就是在伤害我的身体健康和精神健康。如果回到尊重自己的感受，并且转身离开能让我复原，我相信健康的本质才是真正对孩子有利的。

远离"他耗"，是我从这段婚姻学到的最重要的一课。

我的故事只是"他耗"众多面孔中的一副，你在自己的人生中是否也曾面对"他耗"的多副面孔？

"他耗"是指他人的言语、行为或态度消耗我们的精力、情绪，乃至自我成长的动力。它就像隐匿在暗处的小偷，一点点偷走我们的时间、好心情以及对生活的热情。

它像情绪吸血鬼，无尽地向你索取情绪价值。

他们敏感脆弱，需要你不断顾及他们的情绪，自己稍有忽视，对方便会陷入内耗。他们的话题总是围绕自己的不幸、烦恼与焦虑，工作上的一点小挫折能被他们反复念叨数周，感情里的风吹草动更是让他们哭诉个没完没了。他们就像一个深不见底的黑洞，源源不断地吸纳你的正能量，却从不回馈。你耐心地倾听、暖心地安慰，换来的只是他们变本加厉的抱怨。

它是职场"甩锅侠"，责任推诿的高手。

职场本应是施展才华、实现梦想的宫殿，然而，"甩锅侠"的存在却让它变成了一场"宫斗剧"。项目进展顺利时，他们抢着邀功，把功劳都往自己身上揽，吹嘘自己的能力多么出众；一旦出现问题，他们却秒变"缩头乌龟"，迅速将责任推卸得一干二净。数据显示，很多职场人士表示曾遭遇过被同事"甩锅"的情况，其中一部分人因此遭受领导批评，职业发展受阻。

它是边界"橡皮擦"，随意进入你的生活。

他们热情过度，缺乏边界感，经常干涉你的生活，随意评价你的事情，对你的私事充满好奇。和这样的人相处，你会发现自己明明什么也没做，却异常疲惫，内心充满说不出的烦躁。

相关数据显示，有人在一周内至少会遭遇一次"他耗"事件，还有人表示每天都会深受其扰。在一项针对职场人士的调查中，超过半数的受访者认为同事的负面评价、"甩锅"等行为对自己的工作效率和情绪产生了明显的负面影响，甚至导致职业倦怠感提前出现。

从心理学角度看，长期处于被他人消耗的状态，会引发焦虑、抑郁等情绪问题。当我们不断接收外界的负面信息时，大脑的应激反应系统被频繁激活，皮质醇等压力激素分泌失调，致使情绪调节失衡，自我认知也会在不知不觉中被扭曲。过度在意他人评价，就容易陷入自我怀疑与否定的漩涡，失去对自身价值的准确判断。就像《被讨厌的勇气》一书中提到的，很多人之所以不幸福，是因为太在乎别人的目光，活在别人的期待里，从而丧失了真正的自我。长此以往，个人成长也会受阻，本应用于学习新知识、提升技能、探索兴趣的精力，被消耗在应对他人带来的纷扰中，梦想与目标只能在无奈中被搁置。

以下 4 个路径可以帮助你远离"他耗"，重建自我感受的力量。

第一，聚焦自身感受是建立远离"他耗"力量的基石。

心理学研究表明，那些善于关注自身感受的人对自我的认知更精准，他们能迅速识别自己在不同情境下的情绪反应，进而深入了解情绪背后所蕴含的渴望与追求。当你沉浸于一本好书时，内心涌起的宁静与满足或许正暗示着你对知识的渴望、对精神世界富足的追求；而当你在社交场合中感到局促不安时，这可能是在提醒你需要拓展社交技能，或者寻找更契合自己气场的社交圈。

第二，提升"屏蔽力"，专注自我成长，敏锐识别消耗源。

我们需要敏锐地识别并主动远离那些消耗源。社交媒体上的负面新闻、无休止的争论往往只会徒增焦虑，我们不妨减少关注此类信息，多浏览能启发思维、丰富知识的优质内容；远离那些习惯抱怨、传播负能量的闲聊圈，避免被消极情绪感染。

将节省下来的精力聚焦于自我成长，阅读一本启迪心智的好书，拓宽认知边界；学习一门新技能，绘画、编程、摄影皆可，为未来增添更多可能；规律运动，跑步、瑜伽或游泳，在挥洒汗水中释放压力，唤醒身体活力。

第三，为自己设立清晰且坚定的边界是远离"他耗"的关键。

在实际生活中，当同事试图将自己的工作任务推卸给你时，你不妨微笑着回应："我手头的项目也正紧锣密鼓地推进，实在分身乏术，你还是找其他人帮忙吧。"这种坚定的态度既能让对方知晓你的底线，又不会破坏同事间的和气。家人出于关心而过度干涉你的职业选择时，你可以耐心地解释："我理解您的担心，但这是我深思熟虑后的方向，希望您能支持我按照自己的想法去尝试。"用平和且真诚的话语捍卫自己的边界，让他人明白你的人生方向盘掌握在自己手中。

第四，建立正向社交圈以汲取能量。

为自己的人生旅程寻觅一群志同道合的伙伴，携手共进，彼此赋能。多参与兴趣小组，无论是读书分享会、运动俱乐部，还是充满创意的手工工坊，都能让你结识有共同爱好的朋友，在交流与协作中相互激发灵感。行业聚会、研讨会也是拓展人际关系的优质平台，与前辈、同行切磋技艺，汲取经验智慧，助力你的事业发展。

在良好的社交关系中，朋友会在你迷茫时给予真诚的建议，在你取得成绩时送上由衷的祝贺，大家相互鼓励、共同成长。与正能量的人同行，你会发现生活中处处充满希望与动力。

远离"他耗"，将自己的感受置顶，绝非自私之举，而是一场自我救赎的勇敢征程，是奏响我们幸福人生乐章的关键音符。

回首往昔，我们在"他耗"的泥沼中跋涉许久，精力被无端抽干，情绪被肆意践踏，自我成长的脚步被重重羁绊。那些被浪费的时光、被磨灭的热情，如今都化为深刻的警醒，让我们深知"他耗"的影响不容小觑。而当我们毅然转身，重视内心感受，为自己设立坚不可摧的边界，提升屏蔽纷扰的能力，投身于正向社交的温暖怀抱，生活便悄然开启了全新篇章。

当我们真正将自己的感受置于首位时，整个宇宙都会协同发力，为我们的幸福与成长添砖加瓦。正如尼采所言："你要清楚自己人生的剧本，既不是你父母的续集，也不是你子女的前传，更不是你朋友的外篇。"

🔍 本节思考题

- 在一场与朋友的聚会中，朋友一直在抱怨工作，全然不顾你的兴致。此时，你会选择继续倾听，还是委婉打断以照顾自己当下的感受呢？

- 社交场合中，有人开一些让你不舒服的玩笑，众人却跟着哄笑，你是选择尴尬赔笑，还是果断表明态度，捍卫自己内心的感受，远离这种群体带来的"他耗"？

- 在某课堂中，你向老师提出了一个问题，一个同学却
  抢先于老师向你提出他对这个问题的建议，你会如何
  反应？

日常修炼功课：
"东张西望"，在观察中磨炼敏锐的感知力

作家汪曾祺曾在采访中被问及创作秘诀时风趣地回答："我说就是东张张、西望望，就成了一个作家，也的确是这样的。你看这所谓的东张张、西望望包含你对生活充满的兴趣，所以这生活本身是很有意思的。"汪老这番看似随意的话语既是在告诉人们如何写作，也蕴含着深刻的生活智慧——对世界保持孩童般的好奇心，正是感知力培养的起点。

这似乎也印证了一句话：宇宙中最伟大的秘密，就是我们的体验创造了自己的现实。

我们通过视觉、听觉、触觉、味觉和嗅觉 5 个感官，从外部世界获取信息、感知外部世界并对其做出反应。凡是我们体验到并接受的事情，就会形成我们对世界的认知和理解。

试想，如果你总是接触到相同或类似的体验，那么你的思想和行为也会非常有限。反之，如果你能够拥有更加多元的体验，

那么你在思想和行为上的创造力和创新力也会更加丰富和多样。新的体验一旦产生，就更容易产生行动力去改变。

我在陪伴孩子的过程中对这一点有了非常深刻的体会。

- 一个不相信外面下着大雪，执意要穿短裤出门玩耍的孩子，只有出门感受到刺骨的寒冷才会主动要求穿得更暖。
- 一个从来没去游泳池、看见水就被吓得哇哇大哭的孩子，发现自己原来可以安全地站在泳池里时，也愿意尝试接受。

所以，能够真正影响我们的只有体验，体验会"告诉"我们想要知道的一切。

想要真正影响他人的一种方式，就是让他去体验。正如想要学会游泳，必须在泳池里才能学会，就是这么简单。

渐渐放下对电子设备和机器的依赖，能自己动手亲自做的事情，一定要多尝试，并且把这种习惯延展和保留在你的实际生活中。如果你经常用电脑写东西，就偶尔试着重拾纸和笔；如果你可以亲手为亲人做一个小礼物，就用它代替买来的成品。在这个过程中，手、心、脑会建立一种奇妙的连接，属于你的体验就在这个过程中慢慢浮现。

如何在"东张西望"中获得更多感知呢？有一种近在咫尺且非常容易实现的练习，我把它叫作"五感放大镜"。

我们的感知力会在"五感放大镜"的帮助下变得更加敏锐。

通过刻意练习，一方面我们可以更敏锐地感知自己，然后推己及人；另一方面我们也会增强在表达上的创造力。想想我们身边那些特别"懂别人"的人，回顾一下那些善用故事表达观点的人，他们都在无形中调动了五感的力量与人连接，而不只是就事论事。

首先需要认知的不是我们没有能力感知，而是注意力决定了我们如何感知，以及感知什么。所以，"五感放大镜"就是我们要从此刻起，随时留意自己把注意力放在了哪里？如果此时我邀请你感知拿起这本书的手，你感知到什么？是不是有一瞬间，你的注意力就集中在手上？

图 1-1 所示的模型可以帮助你更好地理解注意力和感知之间的关系。

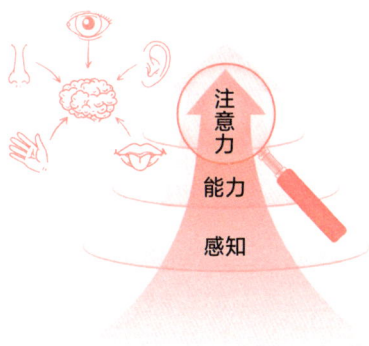

图 1-1　注意力与感知的关系

你可以看到：感知到什么，取决于我们的感知能力如何，而这种能力又来自我们把注意力放在了哪里。五感的通道一直都在，只是我们在过去很长一段时间很少带着注意力使用它们。所以，现在我们要做的只是把注意力注入进来。所谓"放大"，就是在某个感官通道停留，陪它多待一会。

一个人在洗澡时，如果想着明天的工作安排，他不会感知到水流的力度和速度；一个人如果一边吃饭，一边看手机，他不会感知到饭粒与牙齿的摩擦，可能你问他刚吃了什么，他都回答不上来；当你下班从路边买了一束打折的花，却没有正眼看它，你不会感知到一束花的生命力。

具体的练习方式是让我们先从感觉到什么开始，试着描述自己的感受。你可以借助下面的句式把它们写下来：

我感觉到_____；

然后内化这种感受，关联这种感受在告诉你什么，你可以使用下面的句式：

这个 / 些感受是在告诉我_____。

请注意：这里没有对错，想到什么就写什么，这个过程要尽可能慢下来。我想邀请你坚持 14 天，等你回看这些记录时，看看有什么发现。

举个例子，哪怕是吃饭这一件事情，在没有打开五感和打开五感的情况下，一个人的体验是完全不同的。

当我们带着注意力感知吃饭这件事时，请留意你面前的餐具是什么样子？你是如何选择先吃什么，后吃什么？你正在吃的是什么食物？它是怎么来到你面前的？可能经历过哪些过程？它的颜色、外形、味道、触感如何？你把食物咀嚼到什么程度时咽下了？你有没有听到自己咀嚼食物的声音？食物经由食道吞咽的声音……这个过程可以放得更慢、更细致。

你可能会奇怪为什么要做这样的练习，去试试吧，也许你会收获一些从未有过的体验。

《庄子·天下篇》中写道："一尺之棰，日取其半，万世不竭。"意思是一尺长的木棒，每天截取一半，永远也截不完。这形象地说明了事物的无限可分性。只要你把注意力放在这里，这个过程就可以变得细腻、丰富和有层次。哪怕只是吃饭这一件事，你都可以体验到无限的世界。反之，如果吃饭的过程只是让你感受到饱腹，那么你只是完成了吃饭这件事情而已。

同理，如果我们在关系中没有投入一分注意力，那么可能也无法真正感知到对方。

打开五感并放大它们的过程，其实是在激活我们身体的智慧。

我们用好与生俱来的感知力，可以更全面、更准确地感知周围的环境和人的情感及想法，建立更有效的沟通，达成共识。同时，通过优化这种全息体验，我们还可以改善自己的身心状况，减轻紧张和压力。不仅如此，五感的体验是激发我们创造力和创新力的独门秘籍。通过丰富的五感体验，我们可以发现并汲取更多的灵感和想法，更好地处理问题，打造更有创新性和创意的解决方案。我的很多想法和创意，其实就来源于这种方式。

大脑是无法分辨真假的，我们感知的画面越具体，感受越真切，就越容易产生动力去实现它。当你的目光开始自由游牧时，世界将向你展露它隐秘的维度，那里有数据洪流中失落的真实，有算法无法压缩的惊奇，更有属于觉醒观察者的认知圣殿。

> 🔍 **本章思考题**
>
> - 每天上下班途中，人潮汹涌，你是否留意过擦肩而过的陌生人脸上细微的表情变化，从这些变化里能洞察出他们怎样的情绪和故事，以此训练自己的感知力呢？
> - 到目前为止，你的人生中体验最多的是什么？最少的是什么？
> - 未来，你需要更多体验的是什么？更少体验的是什么？

第 2 章

包容是因为我不懂，但我愿意尝试去理解

在难以理解的地方，要学会包容和珍视。这是人生最重要的智慧之一。

——无名

什么是人与人之间

和而不同的关键要素？

你是否对包容存在认知偏差？你认为它是没有原则的妥协，是强者对弱者的施舍，还是对人与人之间差异的刻意忽视？

莫言说："真正的强大不是对抗，而是允许发生。允许遗憾、愚蠢、丑恶、虚伪，允许付出没有回报。当你允许这一切之后，你会逐渐变成一个柔软、放松、舒展的人，也就是一个无比强大的人。"

生活里心累常不期而至。很多时候，我们不自觉地将自己孤立，把他人的无意碰撞视为冒犯。如果我们能理解众人皆在生活长路上步履匆忙，那些看似恼人的摩擦便会成为磨砺心性的砂石，让我们重归烟火人间，感受生活本真的温度。

当我们以豁达之心接纳人性复杂、世事无常时，那些以往刺痛我们的种种都将化作成长的基石。在亲密关系中学会留白，既深情相拥又尊重差异，分歧与差异将不再是关系的裂痕，反而会成为连接彼此的纽带。

面对自我，我们往往执着于完美。但万物皆有裂缝，那正是光照进来的地方。每一次与自我的和解，都在卸下心灵的枷锁，让生命轻装前行。

我们无需否认人性的弱点，也不必对抗世界的不完美。请相信：包容，是我们人生扩容的关键密码。

2.1 你觉得心累，可能是把自己放在了对立面

第一个故事的主人公是小美，她留学回国后在一家广告公司的创意部门担任主管。有一次在团队讨论一个重要项目的创意时，她发现同事们的想法与自己截然不同。内心好像有些东西被触发了，她开始极力反对同事们的创意，试图让大家都接受自己的方案。结果，团队成员之间产生了激烈的争吵。小美本以为无论自己作为主管，还是自己的创意本身，都可以很轻易地"说服"大家，没想到因为意见不一致导致项目进度受到了严重影响。不仅如此，会议之后和大家见面时，她也非常别扭。

第二个故事的主人公是小琳，她是一位有才华的设计师，对待每一项工作都全力以赴，力求每个细节都臻于完美。为了设计出一款令客户惊艳的海报，她常常熬夜，反复修改，从色彩搭配到字体选择，从图案布局到元素比例，哪怕是一丁点儿的偏差都能让她如鲠在喉，重新返工。在她眼中，只有毫无破绽的作品才能拿得出手。因此，如果周围人对她的设计方案提出任何建议和反馈，她都会说："我的方案没有问题。"有一次更是在客户反复提出修改建议后，她直接拍桌子说道："你们不识货！要改方案，请找别人！"

　　第三个故事的主人公是一位青春期孩子的母亲张姐。最近，她越发觉得跟孩子就连最简单的沟通都陷入了困境。有一天，孩子放学回家，一进门招呼也不打，径直走进自己的房间关上了门。张姐关切地敲门询问，没想到孩子非但不领情，还恶狠狠地回了一句："不用你管！"张姐瞬间感觉一股无名火直冲脑门，自己出于关心，得到的却是这样的回应，心里很不是滋味。她忍不住回了一句："我是为你好，你怎么这个态度？"孩子也没好气地怼了一句："我又没让你做！"一场争吵就这样不可避免地爆发了。

　　为什么她们的好心总是得不到好报？

　　为什么自己明明很努力，却还是经营不好一段关系？

　　为什么为了对方好，得到的却是对方的冷漠和不领情，甚至针锋相对？

　　其实，很多时候，我们可能无意识地选择了"对抗"却不自知。我们会不自觉地把自己放在了对立面。我们不允许一些事情的发生，觉得它应该朝着自己期待的方向发展，否则就会感到心力交瘁。

　　其实，所有的对立都源自内心的"不允许"。因为我们的不允许，对立就会产生。

　　"我不允许团队否定我！"这是第一个故事中，小美在和我的对话中发现的隐藏在她内心的声音。它是小美对差异的恐惧和排斥。在团队合作中，我们可能会因为他人的不同观点和做事方式而感到不安，甚至试图强行让别人按照自己的想法来。因为害怕别人否定自己，于是否定别人。

在第二个故事中，小琳不允许自己的方案不完美。这种对自己的要求并非凭空产生，它源于小琳以往的成长经历和家庭环境。成长过程中家庭环境的严格要求和期望，让她形成了"不允许自己犯错"的观念。从小就被教导要做到不出错，一旦犯错就会受到批评和惩罚。这种成长环境让她对错误产生了恐惧。因为自己怕犯错，所以会反复斟酌修改，力求完美，不让他人有挑错的机会。而如果对方哪怕是提出一点修改意见，小琳就会认为是对自己的否定。她宁愿不做，也不愿意修改自己的方案。

第三个故事中的张姐在公司是一位优秀的管理者。她从三线城市靠自己一步步打拼到北京，一直坚信付出就会有回报。为了给孩子创造更好的生活条件，她从来没有放松过。所以，当孩子没有回应她的好意和付出时，很长一段时间积压在心里的压力一下就爆发了。明明想要关心孩子，结果变成了对孩子的指责。

"我不允许"发生的过程，往往是我们的潜意识按照以往的程序自动化运行的过程。也就是说，我们并未察觉到这是强迫，哪怕是对自己。因为在我们的世界里，"事情本应该是这样！"所以，一旦偏离了"应该"的轨道，我们就想要进行"纠偏"，仿佛所有事情都有一个"应该"的轨道。

同时，我们也可能忽视了一个事实："应该"只是我们在自己头脑中编造的故事，它不一定是真的！换句话说，所有的"应该"只是我们认为的应该。

因此，现实和"应该"之间一直存在的差距让我们感到身心疲惫，我们把自己活在自我的"封印"中无法释放。

在"我不允许"的强硬外衣下，我们内心的冲突在不断消耗，又无能为力。在遇到不如意、面对遗憾和痛苦时，我们的第一反应往往是抗拒。但如果我们能允许它们存在，甚至拥抱它们，我们的内心反而会变得更加宽广。

❀ 从"我不允许"到"我允许"的一念之转。

敏娜：我女儿还有不到一个月就要中考了，我希望更好地支持她。但在这个过程中，我觉得我们的关系一点也不松弛，可以说我是很用力的。这些我都知道，但是我害怕如果疏忽了什么，或者放松之后有不好的结果，自己无法面对这一切。

我：你最无法面对的结果是什么？

敏娜：在我脑海中是有一个轨道的，我最害怕孩子"脱轨"。我觉得我设定的那个轨道是更安全的。所以，如果看到她想脱离这个轨道，我就不停地把她救回来，就有了很多拉扯。

我：我注意到你用了一个字"救"。

敏娜：嗯，我觉得好像这是我的价值。如果她按照我的这个轨道走成功了，我会觉得我也成功了。但是，我发现她好像有自己的轨道，可我又担心她没有经验，这个轨道设计得不好。好像还有一个原因是如果她不需要我了，我也不知道自己该做什么。

我：听上去你似乎对孩子和自己都有一分不允许，你怎么看我的反馈？

敏娜：是的，好像是这样。我不允许她在自己的轨道上，也不允许自己放松。

我：如果继续这个状态，你期待你和女儿之间会发生什么？

敏娜：可能在她小时候，我对她太严格了。现在她长大了，我感觉她也不听话了，甚至有时候有点张牙舞爪。她不停地跟我划界限，我不得不向后退，这点让我觉得很不舒服。我们现在就在这种状态中。所以，我就想怎么平衡好跟她的关系，更好地支持她。

我：你认为一个母亲和孩子的关系中最核心的是什么？

敏娜：嗯，我觉得是尊重和彼此的滋养。

我：那到目前为止，你在这段关系中体验到最多的是什么呢？

敏娜：哎，最多的，我觉得是心累。我好像活到了反面。说

到这，我自己觉得这是一个谬论，怎么可能只有一条
轨道呢？我只是害怕面对我不想面对的不好的结果吧。
这也让我回想起自己的成长经历，可能跟我自己的经
历有关。我应该更多地站在线外看着她就好。

我：这一刻，我好像感受到了更多的允许？

敏娜：嗯，是的，允许她在自己的轨道上，也允许我搬个小
板凳在旁边看着她。

我：现在你有什么体验？

敏娜：看到这个画面，我轻松了很多。

从"我不允许"到"我允许"，就是敏娜和女儿在关系中转
变的重要心法。简单地说，就是"面对—接受—转化—实践"。

我们的人生就像一场历练，有时候我们越是不允许什么，就
越会发生什么。所以，我们能做的就是在每一次经历中好好感受
所见所闻，认真体验生活苦乐，然后从中汲取营养，自我成长。
这才是真正允许一切发生。

压力大的时候，允许自己崩溃和脆弱；努力没有结果的时
候，允许自己没有达到预期，但依然做好手头的事情；意外和无
常来临的时候，允许它们的到来，然后坦然面对命运的安排。

允许一切发生，但这一切都不影响我们继续热爱生活。很多
时候，困扰我们的不是事情本身，而是我们自己的执着。

允许一切发生，不是摆烂，而是一种内在的力量。有些发生本身就是我们无法阻挡的，害怕是这样，不害怕也是这样。所以，我们是选择让它过去，还是跟它较劲呢？

真正的强大不是对抗，而是允许和接受。如果生活向我们出招，我们要做的就是见招拆招。

我想分享伯特·海灵格《我允许》里的一段文字，与你共勉。

我允许，

事情是如此的开始，如此的发展，如此的结局。

因为我知道，

所有的事情，都是因缘和合而来，

一切的发生，都是必然。

若我觉得应该是另外一种可能，

伤害的，只是自己。

我唯一能做的，就是允许。

🔍 本节思考题

- 如果你有一些"不允许"的想法，在这些想法背后，你真正害怕的是什么？
- 如果继续这样的想法，你的人生有什么不会发生？
- 如果选择接纳，你的人生又有什么新的可能呢？

2.2　你的容错率越高，那些人和事就伤害不到你

当我们把人生当作精密运转的钟表时，任何一粒微尘的入侵都可能导致系统崩溃。但是，当我们把容错率从精密仪器的 0.01% 提升至生态系统的 38% 时，那些曾让你夜不能寐的人和事终将成为滋养生命的腐殖质——在曾经裂开的地方长出比完整更璀璨的光芒。

✿ 金刚罩不仅可挡，还可"容"。

沈方：这个问题已经困扰我很久了，我跟很多人聊过，但是好像推进得很慢。我总觉得自己不够好。例如，无论是在人际关系中，还是在工作中，只要出现我被客户拒绝或我们关系紧张，或者我有一个目标没有达成的时候，我会觉得是我不够好，这是我的问题。只有很少的时候，我会觉得这不是我的问题。然后，我自己就会全盘接下来，先插自己两刀。

我：在你刚才的描述中，我多次听到你说"问题"这两个字。

沈方：嗯。

我：你觉得什么样的人会用"问题"的视角观察世界呢？

沈方：对这个世界不满意吧，容不下世界，好像也容不下自己。这其实也是我一直在做的一个功课，就是允许和接纳。因为我会用批判的眼光看自己，看别人，看环境。

我：那你希望在今天的对话中收获什么呢？

沈方：我一直把问题都背在自己身上，就像抱着一块大石头走路，有时候是别人朝我扔石头，有时候是我自己。我希望在我的外面有一个金刚罩，当别人因为自己的情绪或者什么原因朝我扔石头时，我就能罩住自己，然后把它们变成自己成长的资源。我去接受我能够接受的部分，然后放下我当下改变不了的部分。

我：听上去好像这个金刚罩既可以保护你，又可以把问题变成你的资源？

沈方：是的，它既可以防御，好像也可以消融。消融这一点是我刚才脱口而出的。

我：当你说出来的时候，有什么体验？

沈方：嗯，好像比起我说"防御"的时候，我更喜欢"消融"这个词。

我：为什么？

沈方：感觉我会更主动，而不是被动防御。我接纳了，好像问题就不再是问题了，我只需要解决它就行。

我：那在罩里面的人需要具备什么特质，才能构筑这样的

　　金刚罩呢？

沈方：我想……应该是不要把所有遇到的问题都当成自己的
　　　问题，接纳它们。对，是这样！

　　不知道你有没有发现，生活中有些人就像对话中的沈方一
样，活得特别"紧绷"。例如，他们无法接受他人的批评，一旦
被否定就会陷入自我怀疑，甚至失眠、焦虑；他们也无法接受计
划被打乱，如果遇到突发情况，就会方寸大乱，甚至情绪崩溃。

　　他们就像一根时刻被绷紧的弦，稍有风吹草动就会"啪"的
一声断掉。其实，很多人之所以活得很累，就是因为他们的容错
率太低。

　　所谓容错率，原本是一个游戏用语，在游戏里，它指的是
玩家在操作过程中出现失误时，游戏机制仍能允许玩家继续游
戏，而不至于终结游戏。也就是说，容错率越高，对错误的影响
越小。

　　当我们把一个问题和错误视作不可挽回的结果时，那么我们
只是停留在某个时间点，在这场游戏中选择了主动退出。如果可
以把时间线延长，你就会发现眼下的这个"错误"可以被很好地
利用，成为学习和成长的契机。

　　在心理学层面，容错率指的是我们对错误、失败及外界负面
评价的承受和包容能力。

如果说只有一件事会让人"伤痕累累"，那就是反复担心自己做得好不好、对不对、别人怎么看、都是我的错等。而一旦我们开始接纳它们，接纳自己，都是对自己的解放。

想想看，容错率高的人不畏惧犯错，他们明白犯错是成长的正常过程，并非无法挽回的灾难。因此，容错率高的人不害怕方案被否定而不敢提出新的想法，他们积极行动、分享创意、接收反馈，然后不断改进；容错率高的人面对挑战时不会担心好不好、对不对、会不会被人嘲笑而放弃，他们会勇敢迈出第一步，用行动来验证。

相反，容错率低的人会过度担忧犯错后的后果，害怕受到批评、否定或自我否定，结果就会被困在原地，甚至陷入长久的内耗中。

对于很多人来说，他们的人生好像一直在准备中，迟迟没有行动，只是因为害怕犯错。

在宽敞明亮的健身房外，Amy 站在门口看着里面人们挥汗如雨的场景，心中充满了向往。她为了减肥塑形已经筹备了很久，不仅办了健身卡，还购买了专业的健身装备，包括运动衣、运动鞋、瑜伽垫等。她在手机上下载了各种健身 App，每天都会研究不同的健身课程和饮食计划。但是，每次走进健身房，她都会因为担心自己动作不标准被别人看到，或者害怕坚持不下来而选择放弃。她只是不断地收集健身知识，却始终没有真正开始规律地健身锻炼。

Amy 觉得自己很挫败，也很受伤。她可能还没有意识到，真正伤害她的并不是健身这件事本身，而是她对自己的容错率太低。

当一个人始终带着"对错"的视角看待周围时，他的眼里都是问题和错误。而如果我们对错误、失败及外界的负面评价更加包容，我们的内心就变得更有弹性。那么，我们如何把这些失败和挫折视作人生路上的插曲，而不是终点，如何提高自己的容错率，活得更加从容自在呢？

首先，改变认知，接纳错误。

很多时候，我们之所以会对错误耿耿于怀，是因为我们对错误的认知存在偏差。我们认为错误是不可接受的，是失败的象征，所以一旦犯错，就会陷入深深的自责和内耗。

然而，事实并非如此。其实，错误是成长的一部分，而且是通往成功的必经之路。面对错误或失败时，我们不要把它看作不可挽回的灾难，而是一次成长和学习的机会。你不妨问自己："从这次经历中，我学到了什么？"

其次，调整心态，积极面对。

当我们犯错时，不要一味地自责。我们可以告诉自己："这只是一次尝试，一次学习的机会。"同时，我们可以问自己："下次我可以如何做得更好？"通过这种方式，将注意力从内耗转移到积极的行动上。

世界是一个巨大的学校，我们每个人都是来学习的，只要是学习，就一定会犯错。这么看来，眼下的这个错误也只是人生中的一次经历而已。

最后，坚韧心理，拥抱变化。

面对逆境时，我们会感受到挫败，但快速恢复才能积极面对。我们可以通过参加一些体育活动锻炼自己的身体。在从事这些活动的过程中，我们会遇到各种困难和挑战。通过克服它们，我们的心理韧性就会得到提升，再把在活动中的体验移植到生活和工作中。所谓触类旁通，说的就是这个道理。

特斯拉创始人马斯克曾说："人生的容错率其实是很高的，很多东西没有你想象的那样了不起，考不上好的大学不会怎么样，找不到稳定的工作不会怎么样，不结婚不会怎么样，不社交、不合群不会怎么样，更不用说长相一般、没有特长之类的小事，真的不会怎么样。我们是被从小吓到大的，好像达不到世俗的标准，人生就会彻底完蛋。接受身上那些灰暗的部分，原谅自己的平庸和迟钝，寻找自己想要的生活并为之努力，寻找过、努力过、勇敢过就很了不起了，人生没什么好怕的，顺其自然就好。"

高容错率的本质是允许生命像热带雨林般生长。既有参天大树的笃定，也容得下藤蔓的蜿蜒；既享受阳光的滋养，也不惧暴雨的冲刷。当你的内在系统升级后，那些曾让你遍体鳞伤的人和事终将成为拂过金刚石的风，只能抛光你的光芒，却无法留下划痕。

真正的强大不在于永不跌倒，而在于每次跌倒时都能从容地从缓冲带优雅起身，带着新的认知继续向前奔跑。这世界给予我们的风暴终将在升级后的容错系统里化作滋养我们的春雨。

🔍 本节思考题

- 回想一下，过去有没有因为容错率低，让原本微不足道的人和事对你造成了巨大伤害？
- 如果你人生的容错率是一个可以调节的数值，你希望它处于什么水平？打算如何调整？
- 回顾你的成长历程，有没有一些曾被你视为"大错"的经历，后来却成为你人生的宝贵财富？为什么？

2.3　舒服的关系自带边界

边界不是爱的减法，而是关系的乘法：它让真诚在安全区里自由呼吸。

过年期间，一家人聚在奶奶家吃团圆饭。饭后，大家围坐在客厅聊天。晓萱刚大学毕业，正在找工作。这时，姑姑突然开口："晓萱啊，你工作找得怎样了？我觉得你还是考公务员好，稳定又体面。"晓萱微笑着回应："姑姑，我还在考虑呢，我想先尝试一下自己喜欢的互联网行业。"

姑姑却不依不饶："互联网行业有什么好的？天天加班，吃青春饭。你一个女孩子，就应该找个安稳的工作。听姑姑的，赶紧准备公务员考试，我都帮你打听过，今年的岗位可多了。"晓萱有些无奈，解释道："姑姑，我知道您是为我好，但是每个人的职业规划不一样，我想按照自己的想法来。"

奶奶也在一旁插话："晓萱啊，你姑姑说得对！公务员多好啊，以后找对象都容易些。你可别不听劝！"爸爸也跟着说："是啊，闺女，你就听你姑姑和奶奶的，别瞎折腾了。"

晓萱的脸色有些难看了，她提高音量说："这是我的人生，我的职业选择，你们为什么都不尊重我的想法呢？我已经长大了，有能力为自己的未来负责。"这时，妈妈出来打圆场："大家都别吵了，晓萱有自己的想法，咱们就别逼她了。"

姑姑却生气地说："我们这是关心你，你怎么这么不懂事呢？以后你就知道我们是为你好。"晓萱看着家人，心里充满委屈和无奈。她只是想追求自己的梦想，为什么家人却总是要替她做决定，完全不顾及她的想法呢？

为什么晓萱的家人都觉得自己明明是在关心晚辈，却得不到应有的感激和回馈呢？

正如心理学家弗洛姆所说："爱是对所爱对象的生命和成长的积极关心。如果缺乏这种积极关心，就没有爱。"而尊重边界正是这种积极关心的重要体现。当我们在各种关系中缺失边界时，就会以爱的名义伤害对方，让原本美好的关系变得满目疮痍。

万事万物都有自己的边界。边界不会阻止我们与他人建立关系；相反，越有边界，越自由。

写下这段文字的当天，正值二十四节气中的第九个节气——芒种，意思是适合种植有芒的谷类作物，过此即失效。古人把对自然现象的影响及观察经验形成节气体系，它也成为种植农作物时机的分界点，可以更好地指导农业生产。

大自然中，有些树木如果感知到动物的啃食，就会飞快增加叶片中的鞣酸含量，让树叶尝起来又苦又酸，令不请自来的客人们退避三舍。事实上，植物有一种神奇的自我保护机制，通过根系释放物质与周围植物沟通，形成边界感应，制约彼此的生长。这种被称为"送伞遇风，送水遇旱"的植物社交，有助于植物之间平衡竞争关系，保护自身的生存空间。

国家与国家之间守好彼此的边界，尊重彼此的领土和主权，才不会陷入战争的漩涡。就连看似不会说话的建筑，也被我们赋予了物理性质的边界，可以将我们从自然环境中隔离出来，同时也可以将人们聚在一起。住宅的边界可以防止入侵和保护隐私，也让居住者感到舒适和安全。

同样，同事、朋友、夫妻、恋人、母子……任何关系都需要有边界。边界的目的不在于与他人保持距离，而在于让我们保持独立和自由，不被他人的情绪和需求左右，同时也向他人传达尊重和关爱。

守住上下级关系中的边界是职场关系的要素。

小晴自从加入公司以来，凭借出色的市场洞察力和创新能力，迅速在公司崭露头角。部门领导 Helen 对小晴寄予厚望，偶尔直接指导她，甚至在一些重要项目决策上邀请她发言。

随着时间的推移，小晴开始不自觉地跨越了上下级之间的界限。在一些日常管理决策上，她会跳过自己的直接上级向 Helen 汇报，甚至偶尔在团队会议上公开质疑其他部门经理的决策，而这些决策并未经过充分讨论或 Helen 的直接授权。这种行为虽然出于对项目成功的渴望，却逐渐引起了团队内部的不满和混乱。

Helen 最初并未意识到问题的严重性，直到一次重大项目因为沟通不畅导致延期，她才深刻反思自己与小晴之间的沟通模式。她意识到，虽然亲密无间的合作能够激发创造力，但缺乏边界的上下级关系却破坏了组织的层级结构和团队协作的基础。

于是，Helen 首先与小晴进行了一次深入的谈话，肯定了她的能力和贡献，同时也明确指出，在职场中守住上下级之间的边界是维护团队和谐与效率的关键。Helen 解释了层级管理的重要性，以及如何通过正式渠道沟通，尊重每一位团队成员的角色和职责。

小晴也意识到自己的行为虽出于好意，却无意中破坏了团队的平衡。从那以后，她遇到问题时先与直接上级沟通，再通过正规流程向 Helen 汇报。同时，她也学会了在团队会议上更加谨慎地表达意见，尊重每个人的专业判断。

设定时间边界是保持生活和工作平衡的关键。

小娜是一名市场营销经理，她以出色的策划能力和执行力赢得了同事们的尊敬。然而，随着职位的提升，她的工作负担也越来越重。团队的同事时常在下班后找到她，希望她能帮忙处理一些紧急或者有挑战的项目。尽管小娜内心很想帮忙，但她意识到这会影响自己的休息时间和家庭生活。于是，她坚定地拒绝了同事的请求，并解释了自己的原因。

起初，同事们显得有些失望，但小娜的坦诚和坚定让她们逐渐理解了她的立场。从那以后，同事们开始更加尊重小娜的时间边界，不再随意打扰她的休息时间。而小娜也因此在工作和生活中找到了更好的平衡，工作效率和创造力也因此得到了提升。

建立情感边界是自我保护的重要一环。

小薇在工作中经常遇到一些容易情绪化的同事，他们会把个人情绪带入工作中，影响整个团队的氛围。小薇深知，如果让自己过多地卷入他人的情绪中，不仅会消耗自己的精力，还可能影响自己的工作和心情。

于是，小薇开始有意识地保持与同事的友好关系，但不过分深入他们的私人生活。当遇到容易情绪化的同事时，她会以专业和客观的态度应对，避免被他们的情绪左右。通过这种方式，小薇成功地保护了自己的情感空间，也保持了对工作的专注和高效。

区分责任边界是提高效率和减少冲突的重点。

小莉是一名项目经理，她负责公司大型项目的执行。她在推进工作的过程中发现，在项目初期，项目成员之间的职责不明确是导致工作进展缓慢的主要原因，甚至因此出现了一些失误。小莉意识到，如果不尽快解决这个问题，项目可能会面临更大的风险。

于是，她决定与团队成员进行深入的沟通，明确每个人的职责和期望。她制定了详细的分工计划，并确保每个人都清楚自己的任务和责任。同时，她也鼓励团队成员之间互相支持和协作，共同推动项目的进展。通过这种方式，小莉在设立责任边界的同时，也使团队成员之间的工作关系更加清晰和高效。

每个人都有自我边界。所谓自我边界，是指我们每个人创造的准则或规定，并且以此分辨什么是合理的和安全的，别人如何对待自己是被允许的，以及当别人越过这些界限时我们应该如何应对。它是每个人内心的一种保护机制，用于维护自己的自尊、自信和自我认同。自我边界反映了一个人对自己和他人的底线、立场和态度。

个人边界包括两种类型，一种是身体层面的，另一种是心理层面的。前者是指人们所处环境中可感知、可触摸的分割线，它可以是个人空间，也可以通过衣着、住所、噪声容忍度、文字语言和身体语言、摆设等方面表达。后者主要是指在想法、观念等方面独立于他人，它是我们在关系中所设定、保护的心理范围。

界限，意味着空间和距离。

女性在现实社会中更多地承担了养育和家庭的责任，健康的距离对我们尤为重要。在与爱人相处的过程中，在陪伴子女的过程中，保持距离并不意味着我们与他人的疏离，只是我们不依赖他人获得自己内心的滋养。对方愿意付出什么样的关注和爱，我们就接收什么样的关注和爱，不评判或指责他们。

那么，如何建立自我界限，让关系更舒服呢？

第一，建立身体层面的界限。

有一种非常简单的方式可以辨别一个人是否有界限，就是当你跟他在一起时，你的感受是不是舒服的。这是一种跨越头脑，用体验感知的最直接、最真实的方式。

如果你跟某人在一起，他让你感觉到放松和自在，你能感受到对方无论从语言还是行为上都很有分寸，这种分寸感让你体验到的是清晰，那么这个人也是边界清晰的人。

反之，如果那个人让你感受到想要防御、焦躁不安、总想对他发火，那么很可能他是边界模糊的人，他的言行和气息无形中入侵了你的边界，总之就是让你感受到不舒服。

设置身体界限，就是设定空间界限。在各自生活的领域有交集，但不控制。这并不意味着我们与他人的联系不重要，它们很重要。但我们需要不断抽身出来，为这段联系进行物理降温。这是避免冲突最简单有效的方式。

第二，建立心理层面的界限。

我们必须先了解自己的感受、需求和期望。你需要仔细审视自己的生活、人际关系和社交互动，这将有助于你对自己内心的感受、需求和底线有更清楚的了解。如果我们不断迎合他人，就会消耗自己的边界感和独立性。

在这个层面的界限是非常个性化的。每个人都会基于自己的信念、价值观等设定自己的界限。建立边界感意味着你认真对待自己，同时也给了别人更清晰的信号，让他们知道什么是你可以接受的和不可以接受的。

在此基础上，你可以试着表达"不"。如果一开始比较有挑战，就先从一些小事情开始，学会对自己无法接受的事物表达反对或不同意。例如，拒绝别人使用你的口红、拒绝没有理由的插队、不接受工作中随意的"甩锅"等，一点点建立信心表达自己的需要、感受和观点，以此建立属于你的心理界限。

杨绛就是一位非常有边界感的女性。她与费孝通是多年的好友，大家都知道费孝通一直爱慕杨绛，只可惜落花有意，流水无情。对于费孝通的追求，杨绛一直保持明确的拒绝。然而，费孝通并没有因此死心，他采取迂回战术，托人问杨绛："我们是否还能做朋友？"杨绛回答："做朋友，可以，但朋友是目的，不是过渡。"

钱钟书去世后，费孝通经常看望杨绛。她自然明白他的心思，但还是非常客气地接待了老友，并在临别时对他说："楼梯不好走，你以后也不要再'知难而上'了。"

我不得不由衷感叹这是一位多么智慧的女性。看透不说破，有分寸，既表明了自己的态度，又为维护了老友的面子。

说到底，边界是我们走向自我意识和成长的一条必经之路。当我们学会用优雅的姿态守护自我领地时，那些曾令人窒息的关系将自动重组为滋养生命的生态圈。

🔍 本节思考题

- 在你的人生中，有没有为自己设定过边界？是什么？
- 如果对方不尊重你的边界，你会如何应对？
- 设定边界的过程中，你最大的挑战是什么？看到它，对你有什么启示？

2.4　万物皆有裂缝，接纳自己的不完美才是放下

完美是我们身边一堵厚重的墙，将我们和真实的自己隔开，让我们看不到喜悦和美好，也会错过细节和结果。

"希望我更……"这可能是所有完美主义者故事中最高频出现的句子。每个"更"字都是抽打自己的鞭痕，完美主义者活在"永远不够好"的诅咒里。她们把人生切成碎片，用显微镜审视每一道裂痕，却忘了完整的生命本就需要呼吸的缝隙。追求完美是一条孤独而寂寞的路，但是也许你还有更好的选择。

我的客户 Amy 就是一位不断追求更好的职场女性，一起来看看我们的一次对话片段。

> ❋ **允许自己放松，不再一味追求"更"。**
>
> Amy：今天我想探索一下人生下半场想做的事情。我希望更多地支持他人，帮助他人。这样会让我的人生更有价值。
>
> 　我：为什么有这样的想法？
>
> Amy：我的人生上半场在企业里为实现个人目标努力，我感觉接下来就是更大范围地服务和支持他人。我觉得自己无论对家庭还是组织，总是会为别人考虑得更多。

如果只是为自己，好像没有那么多烦恼。

我：在刚才的描述中，我听到你高频提到一个字，就是
　　"更"，你怎么看？

Amy：嗯，你指出来之前，我确实没有意识到。这说明什
　　么呢？

我：你觉得呢？

Amy：我觉得好像做得更多、付出更多，才能得到别人的认
　　可，然后带来自己的认可，这好像是我一直以来的追
　　求。这么说的时候，我发现好像我要求自己做得更好、
　　更多的同时，其实心里也是有委屈的，我也希望我付
　　出的更多被他人看见。

我：所以，这个更多和更好的背后到底是什么？

Amy：我担心自己如果不能做得更好，别人就看不见我的好。
　　比如在家庭里，我既要自己学习，还要照顾孩子，还
　　要把家料理好，还想做点理财，我就会感觉对自己要
　　求很高，好像有两种力量在拉扯我。很多时候我好像
　　是愿意做的，但同时我又希望做得更好被看见。所以，
　　当我不被认可时，我心里就会不舒服，我会想是不是
　　因为自己做得还不够好？所以结果没有被呈现，因此
　　希望自己可以做得更好。

我：那当你做得更好、更多的时候，你期待的结果发生
　　了吗？

Amy：好像也没有。还是因为我没有能做到更好、更多。

我：这一刻，你有什么发现？

Amy：嗯，比如我决定回归家庭带孩子，那一刻我就已经给自己设定了一个完美的目标 100 分。但还没有到 100 分时，我就在想我要超过 100 分，是不是能做到 120 分？这是我对自己的要求，但实际上我只做到了一半。所以，我给自己设立了一个很高的目标又做不到时，就感觉一直在爬山，但总也爬不到。

我：这是一个很好的发现。如果这一刻为你的未来重新做一个选择，你会怎么选？

Amy：我想走在平坦的康庄大道上，不想爬山了，好累哦。我觉得我可以有目标，但是不想那么辛苦地爬山了。我可以走走停停，否则我可能会从山上滚下来。

我：这一刻，你的内心相信了什么？

Amy：我相信只要我这么一直走下去，一定有一个美好的结果。对，只要往前走就好了，我不需要去爬山。其实一直以来，我都是一个很努力、对自己要求很高的人，所以，即使我放松一点，嗯，我相信我放松一点也是可以的。

上面的对话中，不知道你有没有窥见自己的影子？

"我可以更努力""结果可以更完美"，这些语句背后藏着恐惧的倒刺：怕不被看见，怕失去掌控，怕成为"不够好"的失败标本。Amy 把人生刻度调成 120% 的进度条，却在攀岩时发现，山顶永远在云端之上。

焦虑是完美主义的孪生姐妹，控制欲是它唯一的止痛药。高度焦虑的人往往会把自身的焦虑转化成一种控制，这样会让他们觉得自己有能力掌控一些东西。穿上"完美主义"的外衣后，她们会戴上成功人士的面具，成为人们眼中的女强人。

对话中的 Amy 在国内一家大公司工作，因表现出色被派往公司海外分部工作了很多年。在别人眼中，她有着让人羡慕的职场背景和高管职位，同时也是一位事事要求完美的女高管。可现实是她过得很累。为了维持在别人眼中的完美形象，她一直对自己有很高的要求，从不敢放松，总是比他人付出更多的时间和努力，力求自己心中的更好。

完美主义者总想向他人展示自己有多好、多有能力，她们受不了被人说不好。因此，她们会用"完美"要求自己，从而可以展现无可挑剔的结果，试图通过这样的结果掌控生活和人际关系。为了平息追求完美带来的焦虑，她们可能会把这股力量放在对眼前一切事物的掌控上。例如，不停地打扫，不停地锻炼，一件接一件地给自己找事情做，围着孩子转个不停，为各种事情没完没了地准备，志向也越来越大，职业发展永无止境。哪怕她们已经拥有了别人眼中的成功和成果，她们仍然不满足，还要拥有更多，认为还有提升的空间。

完美主义者的内心怎么都静不下来。她们内心的焦虑必须通过不停地做事、做事、做更多的事来缓解。因此，不仅她们自己过得很辛苦，和她们在一起的人多半也会感到精疲力竭，被她们的焦虑搅得不安宁。

作为完美主义者团队中的一员，我深知这样的完美背后，其实非常害怕别人说自己不好或者自己呈现的东西不好。更有甚者，她们的动力就是避免失败，也无法忍受不成功。追求卓越、成为更好的自己，是完美主义者的口头禅。但生活并不总像我们期望的那样，每次都成功，每次都卓越。

创业是完美主义的"照妖镜"。我发现在创业之初，要求完美本身就是对我的极大挑战。在企业里工作时，有成熟的平台、团队和技术支持，所以我只需要做好专业上的事情就可以了。即使追求卓越，我需要关照的范围也仅限于自己和团队。可等到自己开公司时，平台、团队、资源的"脚手架"消失后，赤裸裸的真相浮现：执着于 100 分的人往往连 60 分的战场都守不住。于是，如果我还想每一件事都做到完全满意，即使不吃饭、不睡觉也做不到。很多事情堆积到我这里，过不了自己这一关，无法推进，大家都在等待。这时我意识到再继续这样做，不行了！怎么办？

如果固守自己的完美主义，结果会如何？反之，如果不再要求一次做到完美，那可能出现的最坏的结果又是什么？

很显然，前者可能会导致产品和课程停留在孕育阶段，无法面世。而后者，其实没有所谓最坏的结果，无非就是收到一些反馈，回来继续升级优化就好。看到这个现实后，我心里释然了，当下便做了一个决定：先完成，再完美。

这样一来，很多卡住的事情就像一块冰开始融化。初代产品不必是艺术品，粗糙的雏形才能听见真实世界的呼吸。当第一场训练营带着毛边面世时，反馈不是利刃，而是养分。原来裂缝里能长出意想不到的藤蔓，我收到更多的是大家的正面反馈和鼓励，还有一些伙伴给出了直接的优化建议。

事情也没有我想象的那么糟糕，甚至可以用"不错"来形容！于是，尝到甜头的我更加接纳自己和创造的课程。它们就像我的孩子，我需要给它们时间去成长。

承认"我做不到"，才是完美主义者的终极解药。万物皆有裂痕，只有接纳自己的不完美，才是真的放下。放下完美有两个出口。

第一，与自己和解：观察执念的纹路。

先让种子破土，再等它长成森林。

从现在开始，观察你的每一个念头和想法。当你因为看不惯某人的一些做事方法而屏蔽他的朋友圈时，记得提醒自己审视一下，是不是你没有看到他人的处事之道；当你在某件事情上反复修改、苛责自己时，记得提醒自己是不是要求过高；当你刚完成一个项目就迫不及待地开启下一个项目时，记得提醒自己慢一点，给自己一点时间体验和享受成果带来的美好。

完美主义通常有以下几个特征：不断给自己设定很高的目标，对自己要求严苛；希望事情按照自己的想法发展；对接下来要做的事情反复在脑海中演练，或在做事时检查；非常在意他人的想法，害怕听到负面的想法。同时，因为一直追求更好，所以他们也是一群疲惫的追求者、孤独的战斗者。他们可以取得很多成就，却很难感受到持久的快乐。因为他们很快就会给自己设定新目标，然后开启新一轮的完美追求。

当屏蔽朋友圈的手指悬在半空时，看见的不是别人的缺陷，而是自己心里那面扭曲的镜子。苛责的刀锋转向自己时，记住：允许 80 分的作品，才能触碰 100 分的自由。

第二，与世界言和：调整生命的焦距。

完美主义者需要练习"中途下车"的艺术。

结果只是刹那花火，过程才是蜿蜒星河。若把人生看作永远到不了的景区，便错过了脚下青苔的纹理、山风掠过耳际的私语。

因为更关注最后的结果，在苛求完美的同时很容易忽视中间的过程。这一点可能跟我们成长和工作的环境有关，学生要考试，职场要绩效考核，这些都是以结果为导向的。很少有人因为过程的努力而被认可，但这并不意味着过程不重要。这当中同样有很多美好、细节和体验，它们都是值得被看见的，至少值得被我们自己看见。

即使一件事情的结果不如预期，并不意味着在过程中我们没有学习和收获。结果并不能定义我们是谁。多发现自己的优点、优势、过程中的成果、学习和收获，看见自己的成长，这些都是我们可以调整注意力的方向。就像开车去一个目的地的过程中，我们既可以做到心中有终点，同时享受驾车、欣赏风景、和同行的人聊天、中途下车休息的过程，不是吗？

你接受什么，什么就消失；你对抗什么，什么就存在。如果一味对抗不完美，这样的聚焦反而赋予了它存在的意义，问题也会更加突出和持久。只有接纳不完美，它才会失去影响力。因为那些不完美的褶皱里，永远藏着生命最本真的质地。

🔍 **本节思考题**

- 当放下"必须完美"的执念，哪片新大陆会在眼前升起？

- 当死亡降临时，墓碑上刻"她活得毫无瑕疵"与"她爱得淋漓尽致"，你选哪句？

- 从今天起，你打算采取什么具体行动迈出接纳自己不完美的第一步？

日常修炼功课：

学习狐狸的智慧，用多元视角悦纳不同

很多时候，问题之所以成为问题，是因为我们一直在用单一

的视角和注意力。如果我们能够超越二元思维，用更加多元的视角，会发生什么变化呢？

20 世纪的思想家以赛亚·柏林曾把思想家分为两种：狐狸与刺猬。刺猬之道一以贯之（即一元论），狐狸则圆滑狡诈（即多元论）。古希腊也有类似的说法：狐狸观天下事，刺猬以一事观天下。

狐狸的智慧在于从不试图让环境适应自己，而是积极调整行为和策略以融入不同的环境。映射到现实中，我们需要学会用多元视角看待周围，实现对差异的接纳和包容。

世界有生就有死，有白天就有黑夜，有光明就有黑暗，有阴就有阳。人们渴望掌控现在和未来，为了帮助自己应对这种需求，便给事物贴标签并把它们划分在有限的类别中，似乎符合最省力法则。例如，反抗和接纳、这个和那个、美的和丑的、高的和矮的、好的和坏的、对的和错的、我的和你的，等等。通过把世界一分为二，我们产生了一切尽在掌控中的幻觉。

二元思维认为：一件事非黑即白，非是即否；不是好的就是坏的，不是对的就是错的；一旦选择 A，就不能选择 B。这像极了孩童思维。记得小时候看电视时，我们总喜欢问大人："他是好人，还是坏人？"

非黑即白的眼睛注定只能看见半个人间。二元思维是一座移动监狱，把世界切割成"正确"的牢房和"错误"的深渊。活在二元思维里的人，很难自我反思并做出改变。因为反思意味着让"自己都是对的"这个想法松动。哪怕这个"对的"是关于成为更完美的自己，或以爱的名义与他人互动。

获得内在智慧意味着理解生命本质不是非黑即白的二元对立。所有事物都相互关联，存在于一个系统中。就像太极图的阴阳鱼相互交织，形成统一整体。当你看清万物皆存在于万物中时，你就会停下来，不再试图控制什么，也不会轻易贴标签。

我曾遇到过一个热衷辩论的人。他一旦认定某件事应当如何，就会用各种"证据"和"资源"证明自己是对的，并一定辩倒对方。若对方无法逻辑清晰地表达观点，他便会抓住漏洞反驳，仿佛这个世界只有"要么你对，要么我对"。可想而知，和他打交道是何等煎熬。

我们如何超越二元思维，用多元视角悦纳世界呢？

要做到这一点，我想邀请你完成一个体验：去找到一个在你人生中笃信不疑的观点，然后认真地按照顺序依次回答以下问题。

- 你所认为的对错／观点，它们是真的吗？
- 你有多么确认你所认为的是真的？
- 当你坚持你所认为的，你的人生会如何？
- 当你不执着于这个观点时，你的人生会发生什么？

如果你已完成练习，我好奇：从第几个问题开始，你的内心开始松动了？

二元思维是对"自我"的执着。当人以单一视角看待世界时，只能看见同样的风景。读万卷书，行万里路。这是古人传承给我们的开阔视野、扩大自我意识的方法。

一旦看见突破二元之后的可能性，我们就会用更多元的视角重新看待；一旦我们在自己身上看到它，也会在别人身上看到它。这种看见让我们不再评判是非对错，明白每个人都在挣扎，都在饱受压力。当你把彼此看作镜子，就会意识到使你做出不同选择的并不全是智慧和天赋，而是生活环境。如果我们站在他人的立场、过着他们的人生，很可能也像他们一样做出同样遭到我们评判的事。

用多元视角看待他人时，你会接纳其作为整体的优缺点。就像喜欢玫瑰就要接纳带刺的枝干。获得这种认知后，痛苦将大幅减少，既解放自己不再评价"应该如何"，也解放对方展现天性。

正如诗人鲁米所言："在是非对错之外，有一片田野，我在那里等你。"那里的风不追问候鸟的方向，沙漠不审判骆驼的脚印。正如诗人窥见的真相：真理永远在对话的裂缝中分娩，而非在结论的棺木里长眠。

🔍 本章思考题

- 你会如何向狐狸学习用多元视角重新审视自己的观点？
- 学习多元视角意味着接触具有不同领域知识和背景的人，时间有限，如何高效地拓宽视野呢？
- 如果在自己身上看到了不同的可能性，对周围的人会产生何种影响？

第 3 章

枪与玫瑰，随时待命

————✦————

天下莫柔弱于水，而攻坚强者莫之能胜。

——《道德经》第78章

水是如何流向大海的？

庖丁解牛的故事，你应该并不陌生。与其说是在解牛，不如说是在进行一场艺术表演。而庖丁之所以能达到如此出神入化的境界，不是靠强硬的力量解牛，而是顺应牛的骨骼、肌肉结构，顺着筋骨缝隙，用柔软的力量轻松分解。

真正的强者是深谙生命纹理的解牛者。当我们身陷职场突围、角色撕扯与自我证明的困局时，常误以为披上坚硬的铠甲才是生存之道。本章将带你穿透表层生存策略，揭示"柔韧生长"的深层哲学——真正的成长不在于锻造无坚不摧的外壳，而在于培育如水般顺势赋形的生命弹性。当我们放下与世界的对抗模式时，那些曾被视为阻碍的职场壁垒、社会规则、角色冲突都将化作重塑生命韧性的道场。

人的成长恰似庖丁解牛，并非一味强硬，而是学会柔软。

柔软不是软弱，而是对生活和世界的顺应与接纳，是理解规律后的从容与智慧。在成长的道路上，我们会遇到各种各样的"牛"，它们是生活中的难题与挑战。若以强硬姿态应对，就如同持钝刀砍坚硬的骨头，不仅费力，还容易让自己受伤。

我们要明白，真正的突围并非靠单打独斗，而是借助外部的势能让能力得到最大化发挥。

我们常常陷入一种误区——急于向他人证明自己的价值。然而，真正的智慧在于观察和理解问题的本质，找到规律顺势而为。"不较劲"的智慧不是击碎阻碍，而是像水流绕过顽石一样，把对抗消耗转化成建设性动能。

生活中，我们扮演多重角色——女儿、妻子、母亲、职场女性……但无论角色如何变换，我们首先是自己。唯有真正接纳并热爱自己，坚守内心，才能在不同的角色中自由切换。那些获得舒展的女性往往不是最强悍的斗士，而是最敏锐的观察者。

柔软是一种力量。我们拥有稳定的内核，才能在外界湍流中保持优雅的变形。

正如泰戈尔所说："不是槌的打击，乃是水的载歌载舞，使鹅卵石臻于完美。"成长不是靠强硬的对抗，而是凭内心的柔软与坚韧去接纳生活的一切，让自己在岁月的磨砺中变得更加圆润和成熟。

3.1　让能力长在势能上：职场女性的突围之路

时至今日，女性的角色正经历着前所未有的转变与拓展。我们不再被局限于传统的框架内，而是勇敢地踏入各个领域，在职场、家庭与自我之间寻找平衡，追求成长与突破。在职场中，我们仍然面临着诸多挑战与偏见。但真正的强者并非那些一味强硬、独自冲锋陷阵的人，而是懂得顺应时势、借助势能实现突围的智慧女性。

过去的一年中，我身边的许多女性创业者、客户和学员在职场上都取得了突破性进展。例如，在传统媒体行业向新媒体转型的过程中，那些及时学习新媒体技能、顺应行业变化的职场女性不仅没有被淘汰，反而在新的领域获得了更好的发展。在跟她们交流的过程中，我发现了一个共性：她们都不是靠传统的努力获得突破，而是借助了势能。

Lily 是某大公司的运营负责人。跟大多数职场女性一样，Lily 工作认真且努力，但一直晋升无望。后来，她找到我做咨询，一起探索真正影响她的到底是什么。

❀ **走出"借势"误区，突破晋升瓶颈。**

Lily：我发现当机会来临时，我会习惯性地往后退，就像鸵鸟把自己埋在沙子里一样。生活中的我好像也是这样。我隐隐感觉到如果不在这里有所突破，它就会成为我很大的一个阻碍。

我：前面你提到了这些年一直没有晋升的困惑，我好奇的是为什么机会来了，你会后退？

Lily：嗯，好像是下意识的。大概是我还不够好，还不够优秀，在原地更安全吧。

我：这种对自己的评价带给你什么好处呢？

Lily：好处？我突然想到前段时间有个项目需要给总裁汇报，这是一个很好的机会让高层领导认识我，但我当时的反应是拒绝。我觉得我在下面好好地做自己的事情就可以了，我还没达到需要领导认识我的那个成绩。但我也发现同事跟我沟通这件事的视角是争取在领导面前多露脸，至少混个脸熟，以后晋升会更好吧。再回到你的问题，我想可能还是关于安全感的吧。

我：你多次提到的安全感和晋升之间是什么关系？

Lily：好像我在等一个自己觉得安全的时候晋升（笑）。我是想要晋升的，但我又希望这个晋升是安全的。

我：那你说的安全地晋升是一个什么样子？

Lily：就是简单、直接。我不想靠搞关系或者办公室政治得到晋升，我希望是因为我的能力和成绩，而不是借势，就是我刚才提到的这些。

我：为什么不可以借势呢？

Lily：嗯，好像它会让我感觉不踏实，不是靠自己。

我：我想挑战你一下，可以吗？

Lily：嗯。

我：有没有既可以借势，同时又依靠自己的实力帮助你实现目标呢？

Lily：（沉默）以前我从来没有从这个角度想过，不过我想是有的。

我：是什么？

Lily：嗯，我突然想到很多人给过我一个反馈，说我的文字功底还不错，所以我经常给领导和部门写行业报告、分享报告之类的。我想刚才我提到的那个汇报，应该也是领导觉得由我分享自己写的报告更有说服力吧。所以，我靠自己的行业报告争取到了去领导面前汇报的机会，然后我就去分享，我在等什么呢？

我：是啊，你在等什么呢？

Lily：我也不知道。但这么说来，我真的错过了很多让自己晋升的机会（沉默）。

　　Lily 的内心经历是无数职场女性在"证明自我"与"突破瓶颈"之间的艰难跋涉。在对话的过程中，我发现 Lily 对借势似乎有一个误区，她认为借势（借势平台或他人）是不好的。在职场中，平台是非常重要的势能来源，无论一个人多么厉害，如果离开了平台，也会有所减损。

　　同样，我们发现光靠努力已经不能达成目标时，就要学会观察市场趋势、了解客户需求，还要善于借助团队的力量。一句话，就是要让我们的能力长在势能上。

　　《孙子兵法》有言："善战者，求之于势，不责于人。"意思是善于指挥作战的人总是会依靠有利于自己的形势获取胜利，而不是一味地苛求下属。

所谓"势"，就是形势、态势、趋势，是一种客观存在的有利条件。势能就是一个人因为位置、资源、能力等因素而具有的能量。这与 Lily 意识到可以借助自身和平台势能成长晋升的理念不谋而合。善战者不会只盯着个人能力不放，而是挖掘和利用好形势。同样，职场女性不应只依靠个人强硬打拼，要学会观察行业动态、市场需求，借助团队、技术等外部有利条件顺势而为，让能力在合适的势能上发挥，才能更高效地达成目标。

智慧的职场女性懂得寻找并利用趋势的力量，让自己在浪潮中顺势而上，而不是在与大势的对抗中消耗精力。

首先，借助平台势能，放大你的价值。

在职场中，平台具有非常重要的势能。要借助平台的势能，就需要站在公司的角度思考问题。当我们能够为公司创造价值时，自然也会得到相应的回报。例如，主动承担一些对公司有价值的项目，或者提出对公司有益的建议。当我们用这样的思维思考时，我们的格局和视野会变得更大，我们的能力也会得到更快的提升。

职场女性的能力模型往往陷入"单点突破"的陷阱：我们习惯于用更完美的方案、更长的工时、更细致的执行证明价值，却忽视了组织生态中的平台势能。

如果将平台势能继续延展，我们还可以关注和了解所在的行业趋势、市场趋势，让它们成为发展自己的风向标。例如，现在市场上流行短视频营销，你就不能再一味地做传统的广告方案。要顺应这个趋势，学习短视频的制作和推广技巧，把这些融入你的方案和工作中，才能拿到更好的结果。

其次，积累个人势能，打造影响力，实现突围。

除了借助平台的势能，我们还要学会积累个人势能，它包括提升我们的稀缺性和软实力。所谓"稀缺性"就是在纵向深度上保持至少一个领域的绝对专业优势，找到自己的差异化优势，然后不断放大。如果你擅长数据分析，就让自己成为公司的数据分析专家；如果你擅长沟通协调，就让自己成为公司的沟通高手。然后进行横向连接，即发展势能敏感度，包括政策解读、组织政治嗅觉、跨领域概念迁移等能力。这样，你的价值就会得到更大的体现，你也能够获得更多的机会。

我们从小被鼓励成为解题高手，却很少识别题目背后的出题逻辑。当我们在会议桌前反复打磨 PPT 时，可能错过了打造个人势能的时机。

人格魅力也是职场女性非常重要的软实力。一个有人格魅力的女性总是能吸引别人的关注和喜爱，也更容易获得支持和信任，包括真诚待人、乐观积极、善于沟通、有责任感等。

最后，连接外部势能，拓展自己的边界。

人际关系是职场中非常重要的隐形资产。一个拥有广泛人际关系的人就能获得更多信息和机会，也更容易拿到结果。

有人曾总结过"蒲公英社交法则"：不在单一关系链过度投入，而是让专业价值像蒲公英种子一样附着在不同圈层的关键节点。我有一位学员是连续创业者，当她的 AI 医疗项目需要跨界资源时，早年积累的医疗、科技、投资领域弱关系网瞬间激活，形成跨界势能。

传统的突围路径正在失效，参加 MBA 等硬技能培训的人数在增加，但因此获得实质性晋升的人数占比却少之又少。我们需要新的生存法则：不是更用力地划桨，而是学会辨别洋流的方向。

长期主义者都在经历势能思维的修炼之道：从"解决问题"到"重新定义问题"。当遭遇晋升瓶颈时，思考"我的能力可以解决哪个层级的战略命题"；面临职业转型时，追问"哪些底层能力可以迁移至新势能轨道"。

当个人能力与平台势能、行业势能等外部势能相结合时，我们就可以更好地应对职场中的不确定性。在经济形势不稳定、行业竞争激烈的情况下，我们顺应趋势发展更容易适应变化，找到新的发展方向。

当某天你发现能力增长不再依赖拼命加班，而是像藤蔓找到最适合攀缘的支架般自然舒展，这便是能力真正长在势能上的时刻。突围之路从来都不是直线冲刺，而是找准生态位后让我们的能力与势能同频共振时的指数级生长。

🔍 **本节思考题**

- 你如何识别并抓住有利于自身发展的势能？
- 如何将自己的能力与当前的势能相结合，实现个人价值的最大化？
- 行业趋势不断变化，如何及时调整自身能力，以契合新的势能？

3.2　顺势而为，不要把精力浪费在证明自己上

这几年，我支持了一些女性创业者和管理者达成人生阶段性目标。在对话的过程中，我发现人生很多过不去的坎儿，都是"证明自己"这 4 个字闹的。

我遇到过一位中年职场女性——心怡，她在一家跨国公司担任小团队负责人。人到中年，难免有些莫名的危机感。工作之余，她开始在外面参加一些学习。一年多的时间，她看到了自身的变化。但是，最近公司事务增多，这种慢慢突破的节奏让她感到吃力。于是，她找到我，希望探索自己的卡点。

❀ **很多时候，你根本没必要证明自己。**

心怡：下个月，我们全球最高级别的领导会来中国区开全员大会。公关部同事找到我，希望由我主持和引导问答

环节。你知道过去一年我在当众表达上有突破，但这个任务对我来说又是新挑战。其实，我有点犹豫，担心是不是接了这个任务，难度太高了。有点像我平时以五六十公里每小时的速度开车比较安心，突然要接一个很大的任务，又有很多不确定的因素，路况不明，我就会感觉好像一下子飙到了 100 公里每小时的速度，不确定要不要油门再踩大一点，车速再提快一点？

我：什么决定了你要不要踩油门提速呢？

心怡：我觉得应该是我的目标到底是什么？它在哪里？然后，我希望自己以多快的速度达到它？如果这一切清晰了，我感觉好像有个公式就可以算出来。

我：你用了一个词叫"多快"，听上去你好像还是希望自己快起来？

心怡：因为我以往的模式相对保守。但学习之后，我做了一些尝试，也接触了不同的人。他们打开了我的新世界，我还挺向往的，也很希望证明自己可以像他们一样。

我：如果这是你想要的，还差了什么？

心怡：我觉得那好像是一个长期目标，但眼下我如果硬要接下这个工作，就会觉得很焦虑。其实，同期还有一些事情在并行，也有一些是在我要突破的地方工作。如果这件事叠加在一起，万一我没做好，怎么办？我是觉得它有点超出我现阶段的能力范围了。

我：如果没有外在的因素，你会有什么不一样的选择？

心怡：那就是听从自己内心的声音。我会希望在这个阶段按照现在的速度突破。

我：前面你提到证明自己，你真正想要证明的到底是什么？

心怡：想证明自己在变化。我感觉一直以来我的人生好像一些比较单调的图案和颜色，我觉得只要不断证明自己，这些颜色是不是就会变得更加丰富？

我：那我们接下来怎么工作是你想要的？

心怡：我得想想还要不要纠结那个速度，是不是就按照自己现在的节奏？感觉超负荷突破自己其实挺累的，我好像也并不能得到自己想要的答案。

我：这个变化是怎么发生的？

心怡：其实是我们沟通的过程中，一点点就变得清晰。如果我想要的是变化，我已经做到了啊，只不过是按照我的速度。为什么一定要加速呢？

是的，为什么一定要加速呢？没有谁是世界的中心，也没有人会一直关注你。即使证明了自己，那又如何？

这种自证情结如同现代人的精神枷锁：我们既要在朋友圈晒出米其林晚餐证明生活品质，又要在会议中证明专业能力，甚至健身打卡都要配上心率数据证明"这次真的拼了"。朋友圈里，人们晒美食、旅行、成就，仿佛生活就是一场永无止境的表演。

有人每天花数小时修图发朋友圈，只为获得更多点赞和关注。这种认可让人上瘾，却远离真实的自我。

当生活变成一场秀，我们就成了自己人生的观众。我们像被困在镜像迷宫的舞者，每个转身都在回应并不存在的观众掌声。

证明的执念源于对自我价值的怀疑。每个人都是独一无二的存在，但现代人却总想活成别人的样子。这种执念已成为巨大的精神负担。我们总是太在意别人对自己的看法，太想证明自己，所以痛苦、纠结、患得患失、瞻前顾后。可是，我们却忘了人生是自己的，生活也是自己的，根本没必要在意那么多，更没必要活在别人的眼里和嘴里。

破解自证困境的双重密码，分别是认知重构和顺势而为。

第一重密码，认知重构：从"证明自己"到"创造价值"。

雷军的职场前半场是标准的"证明者模板"：在武汉大学用两年修完学分，28 岁执掌金山，带领团队与微软厮杀。那些年，他是业界公认的"劳模标杆"，每天工作 16 小时，随身携带睡袋。但这份执着在移动互联网浪潮前遭遇重击——金山 WPS 苦战 20年，市场份额不足 3%。

40 岁时，雷军才开始深刻反思自己的发展路径。他意识到，以往执着于自身的努力和能力，却忽略了时代的趋势和机遇。就像在一场马拉松比赛中，他一直在拼命奔跑，却没有注意到风向的变化。这个顿悟催生了小米。

这种思维转换的实质是将能量从防御性的自我辩护转向建设性的价值输出。就像亚马孙雨林的附生植物不再与乔木争夺阳光，而是在枝干间构建独特的生态位。职场女性更需要这种认知跃迁：当法务总监不再证明自己比男性更严谨时，转而构建企业合规的智能预警系统；当 HR 主管停止证明女性更擅长员工关怀时，转而设计组织韧性的评估模型，真正的势能就此激活。

第二重密码，顺势而为：在流动的秩序中重构自我。

亚马孙河从不证明自己是最长河流，却在奔涌中滋养半个雨林；黄山迎客松无需证明自己是最美松树，却在绝壁生长成千年地标。这些自然界的启示道破了顺势而为的真谛。

- 存在即价值：樱花不证其美而倾城，江流不证其力而载舟。
- 节奏即力量：春雨绵绵可破冻土，滴水穿石不在疾速。
- 过程即答案：麦穗低头时籽粒最饱满，竹子弯腰后弹力最惊人。

用最小可行性交付、持续迭代破除我们心中的完美主义心魔。真正的智者都懂得顺势而为，不把宝贵的时间浪费在无谓的证明上，而是专注于持续地自我成长和价值创造。

某临终关怀机构的调研揭示震撼真相：在生命的最后 3 个月，无人遗憾"未向谁证明自己"，反而多感慨"未活出本真模样"。这提醒我们：当放下自证的重甲，才能触摸生命的温度。

每个人都会遇见自己人生中那些无法预见的挑战。对生命说

"是"，何其不易！

古语云："鱼乘于水，鸟乘于风，草木乘于时。"意思是鱼凭借水的力量才能游动，鸟凭借风的力量才能飞翔，花草树木则凭借季节的变化而生长。人生亦是如此，有时需要顺势而为，不要跟生活较劲证明自己。

这个世界没有标准答案，花有花期，人有时运，允许顺风顺水，也允许事与愿违。光明与黑暗都有其存在的意义，有些人和事是让我们体验到快乐的，让我们感受美好的，也有一些是让我们在经历痛苦后得到成长的。

我们来到这个世界，仿佛就是要与所有困难做斗争，这样才能证明我们来过，才能证明我们存在的价值。我们好像时常能听到头脑中关于对错、好坏的评判之声，以为自己足够有能力、足够有理由、足够愤怒，就可以掌控一些东西。每一次证明和较劲，相比允许一切发生，显得那么局促。我们仿佛被一种无形的力量捆绑，反而容易失去方向。

心理学有一个"墨菲定律"，我们在生活中时常能感受到它的存在。简单地说，就是你越担心某种情况发生，这种情况就越会发生。就像我们考试前都默默祈祷不要考到自己没来得及复习的知识点，那么极大可能这些知识点就会出现在试卷上。

人生是一场历练，有时候我们越想证明什么，反而越会事与愿违。所以，我们能做的就是在每一次经历中好好感受所见所闻，认真体验生活苦乐，然后从中汲取营养自我成长，这才是真正的顺势而为。压力大时，允许自己崩溃和脆弱；努力没有结果时，允许自己没有达到预期，但依然做好手头的事情；意外和无常来临时，允许它们的到来，然后坦然面对命运的安排。

顺势而为，但这一切都不影响我们继续热爱生活。很多时候，困扰我们的不是事情本身，而是我们自己的执着。

顺势而为不是摆烂，而是一种内在的力量。有些事情的发生本身就是无法阻挡的，害怕是这样，不害怕也是这样。所以，我们是选择让它过去，还是与它较劲呢？

顺势而为不是消极妥协，而是清醒者的生存智慧。当我们停止用蛮力对抗世界，学会在时代的褶皱里寻找支点，便会发现：真正的成长始于放下"我必须证明"的执念，成于"我本自足"的觉醒。那些活得通透的人，早把证明的力气用来浇灌生命本身。毕竟，玫瑰从不证明自己芬芳，世界自会循香而来。

🔍 本节思考题

- 你是否曾经为证明自己而牺牲了身体健康或生活的平衡？这种牺牲最终带来了你期望的认可吗？
- 你是否曾经因为过于在意他人的评价而放弃了自己真正热爱的事情？
- 如果你不再需要向任何人证明自己，你会如何重新规划自己的人生目标和生活方式？

3.3　真正的成长不是你变得多强硬，而是变得柔软

你是否曾经用以下方式面对生活的挑战？

- 当繁重的学业任务让你感到力不从心时，你是否曾选择熬夜苦读，不断逼迫自己完成每项作业和考试？你坚信只有通过这种方式才能提高成绩，赢得老师和同学的认可。

- 在职场上，你是否曾与同事为了项目或职位明争暗斗？你相信只有展现强硬和实力，才能在激烈的竞争中脱颖而出，获得晋升和加薪的机会。

- 即使在与朋友或家人的相处中，你是否也曾因意见不合而选择固执地坚持自己的观点？你觉得只有通过争论和说服对方，才能维护自己的立场和尊严。

- 当你想改变自己时，是否设定了严格的目标和时间表，并要求自己必须完成每项任务？你相信只有通过这种严格的自我约束，才能实现自我提升和成长。

很多人都有类似的经历，在生活的重压下努力让自己变得强硬，以为这样就能抵御一切困难。我们用坚硬的外壳包裹自己，假装刀枪不入，却在不经意间发现，内心的疲惫和痛苦越来越深。我们把自己活成了最完美的武器，却弄丢了使用说明书。

强硬如同在心脏外筑起铁甲，柔软才是让生命透气的毛孔。正如罗曼·罗兰所说："世上只有一种英雄主义，就是在认清生

活的真相后依然热爱生活。"这种热爱源自内心的柔软，让我们在面对苦难时仍能保持对美好的向往、对他人的宽容、对自己的接纳。

成长是一生的课题，每个人都在寻找属于自己的答案。有人觉得成长就是变得更强硬、更有力量，足以独当一面、对抗世界。但真正的成长是从强硬变得柔软，是从对抗到和解，是从向外看到向内求。

真正的柔软并非软弱可欺，也不是毫无原则地妥协退让，它是一种内心的强大、包容与平和。真正柔软的人允许生活中的一切不如意发生，他们接纳自己的不完美，也包容他人的缺点；他们面对生活的苦难，不抱怨、不逃避，以平和的心态去应对。

变得柔软是生命操作系统的升级，是在裂缝中重写我们的生命代码。

柔软从接纳脆弱开始。

台风过境的竹林藏着终极智慧：宁折勿弯的刚直者被连根拔起，俯身贴地的柔韧者重获新生。

在综艺节目《展开说说》中，杨天真分享了自己创业失败的经历。离开经纪公司后，她创办了大码女装品牌，公司因经营不善很快就倒闭了，这对她来说是一次不小的打击。毕竟，她曾是手握上百个营销案例的金牌经纪人，是创办公司一年就实现盈利的商业奇才。可这一次，她栽了大跟头。

在节目上，她坦诚地说："这件事对我的伤害非常大，我甚至开始怀疑自己的商业能力。"在那段时间里，她把自己关在房间里，不与任何人见面，每天不停地刷短视频，试图用这种方式麻痹自己。

公众看到的是一场商业滑铁卢，但深夜直播间的素颜镜头泄露了真相：那个总是教别人"打造人设"的操盘手，终于在废墟里触碰到真实的温度。断竹重生比翠竹更接近生命的本质。当她在直播间哽咽着说"原来失败也需要被拥抱"时，数百万女性在屏幕前集体经历了一场精神破茧。她开始意识到，自己不能永远活在逃避里，于是尝试着与自己和解，接纳了自己的脆弱和失败。她重新出发，创办了自己的直播公司，并且取得了成绩。

杨天真说："我们终其一生，都在学会如何与自己相处。只有接纳了自己的脆弱，我们才能变得更强。"

柔软是理解他人的不易。

当你读懂他人故事里的风雪时，自己的冬天就多了一件柔软的棉衣。

有一次，我在上海出差回酒店的路上乘坐一辆网约车。车行至高架桥时突然开始减速，并且越来越慢，而此时我两边的车辆却穿梭如常。这个奇怪的现象让我开始好奇到底发生了什么，于是我准备询问司机。

可当我从车内后视镜观察司机时，发现他居然已经闭上了眼睛！什么？他睡着了！当时我心里一惊，一身冷汗。紧接着，我脑海中跑出一个念头：现在已经是晚上 10 点，他可能已经疲劳工作了一天，如果不是生活所迫，他应该不会强撑。于是，我轻轻唤醒他，告诉他这样很危险，并要求他找到一个最近的停车地点放我下车。临走前，我再次嘱咐他回家休息。

尽管他自始至终没有跟我说一句话，也没有表达任何歉意，但当我开始尝试理解他人的不易时，我认识到理解是最高效的关系加速器。无论对方如何，我已经变得更加柔软和慈悲了。这何尝不是一种成长？

柔软是放下内心的执念。

有时候，停止对抗才是最高级的进化。

我的学员宁静（化名）是一位离异的单身母亲。在很长一段时间里，她都因为前夫未履行探望女儿的义务而愤恨不已。这位强硬的行动派女性多次与前夫沟通无果，她不理解为什么一位父亲可以做到如此冷漠。

随着时间的推移，她发现自己内心的执念越来越重，也越来越不快乐。直到有一天，她看到女儿纯真的笑脸才突然意识到，自己一直要求前夫做到的可能永远无法实现。因为在他们婚姻存续期间都未能改变的事情，离婚后如何强求？

她开始尝试放下执念。即使父亲做不到，她也要让女儿正确看待男性和父亲的角色。这对于孩子的成长更重要。此时，她明白真正的成长是学会放下执念，不再被它们束缚。她也终于赎回被抵押的母性力量。

强硬有强硬的用武之地，而柔软也有柔软的匹配场景。正所谓"天下莫柔弱于水，而攻坚强者莫之能胜"，真正的成长是在经历风雨后依然保持内心的柔软与温暖。

变得柔软是一个需要不断修炼的过程，冥想、感恩、倾听、放下执念和拥抱变化都是可以帮助我们练习的方式。

- 冥想与自省：静静坐下来，更好地关照自己的内心，了解自己的内心。当你开始关注自己已经拥有的东西，而不是缺少的东西时，就会感到更加满足和快乐。

- 感恩与倾听：当你愿意倾听他人的故事和经历时，你就会更加理解他们的不易和痛苦。在与他人交流时，尝试着多听少说，把注意力放在对方身上，深入地了解他人，才能更加包容。

- 接纳与拥抱：在面对自己时，尝试接受自己的不完美和失败，不再为过去的事情耿耿于怀；放下执念，去感受那份轻松和自由，专注当下和未来，从而获得真正的成长和进步。

变化是生活的常态，学会接纳和拥抱它们，我们也会变得更加从容和勇敢。去接受一些新事物和新挑战吧，不再害怕未知和不确定性，这样你可以更加灵活地应对生活中的变化和挑战。

当我们开始拥抱变化时，柔软就变得有力量。它是一种来自内心的真正的强大，它让我们变得更加宽容、慈悲、从容和勇敢。

🔍 **本节思考题**

- 在你的成长历程中，有哪些时刻让你意识到真正的力量往往源自内心的柔软与理解，而非外表的强硬与对抗？
- 回顾过去那些你用强硬态度解决的问题，现在看来，如果当时选择柔软，结果会有何不同？
- 如果成长是一场旅程，你认为强硬的奋进会让你错过哪些路上的风景，而柔软的心态又能帮助你发现什么？

3.4　你要先是你，才能成为无限可能的角色

社会角色是面具，自我才是真颜；人生剧本若缺了本我，所有演技都是徒劳的即兴。

我们正活在一场盛大的角色扮演游戏中，每个人的社交账号都是精心设计的角色卡：朋友圈里晒出的晚餐是"精致女性"的装备，领英主页的晋升动态是"职场精英"的皮肤，家长群的积极互动是"完美母亲"的必杀技。当马斯洛需求金字塔被做成九

宫格表情包传播时，我们已陷入用角色扮演的完成度兑换存在感虚拟货币的幻想中。

这一生中，每个人都要扮演多重角色：父母的子女，子女的父母，伴侣的另一半，公司的员工或领导，朋友的朋友……我们每一个人都身兼数职，在不同的角色中来回切换，尽力演绎"好子女、好父母、好伴侣、好员工"的形象。

当身份成为可拆卸的乐高积木时，我们早已忘记出厂时的原始形态，也是最重要的角色——自己。我们总把时间和精力投入其他角色上，却常常忽略了自己这个角色，忽略关注自己的内心，倾听自己的声音，满足自己的需求，实现自己的梦想。我们忘记了只有先成为自己，才能演绎无限可能的角色。

人类学家发现，35 岁焦虑的本质是角色系统的强制更新——婚育的最后期限是生物性倒计时，职场天花板是社会性断头台。正如我的客户亚薇在对话中提到的立体书，那些被"好女儿""好妻子""好员工"标签压弯的书页，正在漏掉人生最珍贵的留白处。她在自己 40 岁生日前找到我，希望一起探索人生进入不惑之年，如何过好下半场。

✿ 为什么我们演不好自己的角色？

亚薇：我马上就要过 40 岁生日了，对我来说这好像是人生的
分水岭或者里程碑。再加上孩子进入青春期，包括教

育的一些问题、工作的变化，让我感觉有点失去了方向感。所以，我很想探索一下自己的下半场可能是什么图景？

我：现在你的生命图景是一个怎样的呈现？

亚薇：应该是随着我的成长展开的吧。我从小就算学霸吧，也是乖乖女，很听父母的话。当然，这当中可能有比较功利的想法，就是你知道这样做会得到什么好处。这个状态一直持续到 35 岁吧。从 35 岁开始，我接触了一些关于自我成长的学习，慢慢地有了一些人生的方向。我感觉自己好像不再那么功利和世俗，不是一味地关注我做了什么就一定有什么结果。

我：那未来你希望这幅图景怎样呈现呢？

亚薇：如果它是一幅画，我希望它是立体的，就像孩子看的立体书一样。一翻开，整个画面跃然纸上，不是那种平面的。

我：嗯，那这本书里面有什么呢？

亚薇：好像是我所在城市的样子，有楼房和高架桥。但此时我很想自己点缀一些东西。因为我一直觉得自己是一个挺无趣的人，生活中一直在扮演被需要的角色，小时候是乖乖女，然后上学、恋爱、结婚、找工作，好像都是在按照某种既定的路线发展。在父母、老公和朋友面前，我好像一直都在扮演他们需要的那个我。

其实，我并不擅长画画，但我希望哪怕是我不那么擅长，也可以动手用笔在里面画上两笔。嗯，无论它是什么，我希望它可以是独一无二的作品。

我：这个独一无二的作品，未来你打算怎么创造出来？

亚薇：我觉得一部分是比较硬朗的感觉，好像它是原来的我。另一部分，我希望用毛笔勾勒一些柔和的线条，很写意的那种。也不一定很好看，但我也不用在意别人怎么评价我，反正就是尝试嘛。

我：说完这一段，此时你有什么体验？

亚薇：我在描述时都能感觉到自己很兴奋，好像我对这样的生活方式还很有兴趣。我体验到了一种感觉，就是融合。过去的我也是我的一部分，未来的我就是去迎接那个自己。

我：你觉得探索到这里，跟你今天想要探索的话题进展如何？

亚薇：我觉得挺好的，在描述画面时，我感受到了自己的热情，好像看到了希望。你知道，很长一段时间我都感觉自己很累，做什么都提不起兴趣，就是日复一日这样过。好像日子就是这样，过去 40 年不都是这么过来的吗？

我：好啊，那带着这一刻充沛的感受，接下来你有什么打算？

亚薇：我会把我的注意力和时间更多地放在自己身上。过去，
　　　其实我一直都在忽视自己的想法和需求，我希望可以
　　　照顾自己的感受和生活方式去体验一些新鲜的事物，
　　　当然也可以带着家人一起。好像我成了这个作品的主
　　　创，他们成了建设这个城市的参与者，他们参与了我
　　　的设计。

　我：你的内在要发生哪些本质的变化，才能成为自己作品
　　　的主创呢？

亚薇：我需要仔细聆听自己内在的声音，尊重它，然后尝试
　　　做起来。

很多人跟亚薇一样，在父母面前扮演懂事、听话的角色，却
不敢表达自己的想法和需求；在伴侣面前扮演包容、理解的角
色，却不敢说出自己的不满和委屈；在朋友面前扮演坚强、乐观
的角色，却不敢展示自己的脆弱和悲伤。为什么会这样呢？为什
么演不好自己的角色呢？

当我们把美颜滤镜的虚拟形象误认为真我时，当点赞数成为
存在价值的计量单位时，那个真实的自我正被数据洪流瓦解。某
网红在停更宣言里写道："我弄丢了素颜的勇气，就像弄丢了自
己的指纹。"

其中有对于自我认知的缺乏。不知道自己想要什么、擅长
什么，就会没有方向和目标。其中也有我们对他人评价的在意，

这本是人之常情，但如果过于在意，就会失去自我。遵循他人的期望和要求，而不是按照自己的意愿，时间长了就会变得瞻前顾后、畏首畏尾，不敢展示真实的自己。其中也是因为我们内在力量不足，害怕失败和挫折，害怕拒绝和否定，害怕失去已经拥有的东西，如父母的爱、伴侣的陪伴、领导的信任和朋友的友谊。

我们对自己扮演的角色已经陷入了固化思维，认为自己就是这样子，无法改变。例如，职场里的"老好人"不敢拒绝别人的要求，不敢表达自己的想法，不敢争取自己的权益，结果导致自己越来越累，越来越没有成就感。

过度迎合他人会导致人际关系失衡。当我们总是为了满足他人的需求而忽略自己的感受时，我们会逐渐变得不自信，会觉得自己的价值取决于他人的认可。只有得到外界的认可，我们才会感到快乐和满足。这种心态会让我们在人际关系中处于被动地位，无法建立真正平等和健康的关系。

"知人者智，自知者明。"意思即能了解别人的人是有智慧的，能了解自己的人是明智的。了解别人已经不是一件容易的事情，但比起了解别人更难的是了解自己。就像我们的眼睛可以看到远方，却看不到自己的眉毛。

在地球的另一端，不同国度、不同时代的智者似乎也看到了智慧的真谛。虽然他们来自不同的文化，具有不同的背景，但是历史总是惊人的相似。几千年前，古希腊奥林匹斯山上的德尔菲神庙里有一块石碑，上面写着"认识你自己"（Know Thyself）。苏格拉底将其作为自己的原则宣言。

古人的智慧让我们看到认识"自己"是多么重要。没有了"我"，我们只是在扮演其他人。因此，要想成为自己人生剧本的主角，我们就要学会做自己。成为自己，才能拥抱无限可能。

第一，做一次深度的自我探索。

探索自我是认知自己的起点，过程就像拆解俄罗斯套娃——里面的小人才是你。这是一场深入内心的奇妙旅行，让我们在反思、尝试与体验中逐渐揭开自己的神秘面纱，了解自己的兴趣、价值观、优劣势等。

反思是这个过程中必不可少的环节。定期抽出一点时间，静下心来回顾一天的生活经历、行为决策和内心感受。例如，在一天结束后，花 15～30 分钟回顾当天的事情，思考自己在面对不同情况时的反应和选择，分析哪些行为让自己感到满足，哪些行为让自己感到遗憾和困惑。通过这样的反思，我们能够发现自己在处理问题时的思维模式和行为习惯，从而更好地了解自己的优势和不足。

写日记是一种有效的自我反思的方式。将自己的想法、感受和经历记录下来，不仅可以帮助我们梳理思绪，还能让我们从文字中看到自己成长的轨迹。在日记中，我们可以自由地表达内心真实的想法，不用担心被他人评判。

尝试新事物是拓展自我认知边界的重要途径。当我们勇敢地走出舒适区，去接触从未经历过的领域和活动时，我们往往会发现自己潜藏的兴趣和能力。旅行是一种很好的尝试新事物的方式。去不同的地方，体验不同的文化和生活方式，能够开阔眼界，从不同的角度认识自己。我们在这个过程中可能还需要面对独立解决问题的情境，不同的见闻也可能会影响我们对人生目标的思考。

第二，培养独立思考的能力。

不盲目接受他人的观点是独立思考的第一步。当我们接收到一个新观点时，我们可以问问自己：有没有其他可能性？真的是这样吗？质疑、验证是独立思考的核心。在这个过程中，我们需要搜集信息、分析、体验、实践、从不同的角度看问题，同时也会保持更加开放的心态。通过与不同的人交流和碰撞，我们能够发现自己思维的局限性，从而不断提升自己独立思考的能力。

每隔一段时间删除几个"别人说这样才对"的思维缓存，粉碎几条"大家都这样活"的生存指南。人生的存储空间有限，真正的独立从卸载社会期待开始。

第三，勇敢地走出舒适区。

这是实现个人成长和突破的必经之路。舒适区就像一个温暖的避风港，虽然让我们感到安全和舒适，但也限制了我们的成长。只有勇敢地挑战未知，我们才能不断在过程中发现自己的潜能。每一次挑战都是成长和自我发现的机会。无论结果如何，我们都会从中学到宝贵的经验，获得独一无二的体验，提升自己解决问题的能力，自信心就会随之而来。我们的心态也变得更加坚强和成熟。我们习惯了面对挑战，就会发现自己的生活变得更加丰富多彩，也能够更好地应对未来的各种困难。

给每个退缩的念头植入"试试会死吗"的反问程序。勇气不是天生的抗体，而是反复暴露在恐惧中催生的免疫力。活得"离经叛道"一些，宇宙就多一个独特的坐标。

未来的画卷会在我们眼前徐徐展开，你要先成为自己的定海神针，才能变化出无限可能的角色。最高级的自由不是角色切换自如，而是敢对世界说："这就是全部的我！"

🔍 **本节思考题**

- 如果你可以重新选择自己的人生剧本，你会如何定义自己的角色？

- 你认为是什么阻碍了自己成为理想的角色？是内心的恐惧、外界的压力，还是其他因素？你计划如何清除这些障碍？

- 假如你能够完全自由地表达自我，不受任何社会规范或期望的限制，你会如何展现自己的真实面貌？这样的你又会如何影响自己周围的环境？

日常修炼功课：

向身体学习，汲取灵动应变的力量

在一次课程中，我邀请学员戴上眼罩跟随音乐舞动。有人轻轻晃动身体，有人紧紧攥着衣角，有人下意识咬嘴唇，有人连呼吸都变得小心翼翼。音乐响起时，我忽然发现，原来我们连"放松"都需要练习。

明明在跳一支自由的舞，可那些僵硬的关节、紧绷的脊柱却像极了我们咬紧牙关活着的日常状态。很难想象，这些"放不开""硬邦邦"的肢体背后承载了多少生活的重量，包裹了多少无法言说的委屈、隐忍、痛苦、焦虑和担忧。

如果没有这样的练习，我们可能很难发现自己是"紧绷"的。我们已经习惯了这样的状态，很难真正体验到放松的感觉。所以，很多人总是觉得紧张、疲劳，甚至无法开心起来。

我们以为成长是穿上一层又一层的铠甲，可真正的铠甲是敢于让自己变得柔软。

身体是未被破译的哲学书，每个动作都是存在主义的注脚。当身体放松下来，变得柔软时，我们的步伐就会变得轻快，面部表情会变得松弛，笑容会洋溢在脸上，思维也开始活跃起来，头脑变得更加清晰，很多创意和想法开始涌现。而当身体不放松时，我们可能是焦虑的、紧张的，甚至可能会头疼、胃疼、肌肉紧绷。我们被困在自己的想法中，很难接纳新事物，与他人建立深入的关系。

在快节奏的生活中，每个人都要面对各自不同的压力，我们也常常陷入思维和情绪的漩涡，而忽略了身体这个最直接的媒介。相比思维的线性和逻辑，身体更擅长非线性、直觉性地处理信息。它能够感知到环境的变化，通过微妙的体态调整、呼吸变化来适应这些变化。

同时，我们的身体和内心世界紧密相连。向身体学习，就是重新连接身心，唤醒内在的感知力，让我们在复杂多变的世界中找到一份灵活、从容与自在；向身体学习，就是学习如何运用这种灵活应变的能力，让我们的思维与行动更加流畅、自然，也更加符合生命的本质。

在课程和日常生活中，我经常使用的练习方式就是舞动。只要让身体自由地舞动，你就会慢慢放松下来，并且能感受到一种灵动的力量。

分享几种不同的方式，你可以尝试后选择其中某几种作为日常修炼的方式。它们融合了舞蹈的流动性、自我表达与日常生活的场景，借助身体的智慧唤醒内在柔软的智慧，无需专业的舞蹈基础，随处都可以练习。

舞动一，晨间即兴独舞（2 分钟）。

方法：起床拉开窗帘，让阳光洒在身上，闭上眼睛聆听环境的声音（鸟鸣、风声），让身体像海草一样随波摆动。手指先动，带动手腕，然后蔓延至身体的其他部位，最后踮起脚向阳光伸展，就如同植物生长。当我们在模仿自然生物的苏醒本能时，舞动可以帮助我们重置身体的"紧绷模式"。

舞动二，情绪镜像舞（情绪波动时）。

方法：对着镜子站立，观察镜子中自己的表情、姿态，用一种动作表达此时的心情，用动作放大这种情绪（例如，愤怒时用力地甩动臂膀，悲伤时蜷缩起来又缓缓展开），然后逐渐改变动作的质地（例如，从僵硬到流畅），在收尾时定格一个让自己微笑的姿势。通过外化甚至夸大的动作看见情绪的形态，让舞动成为自我对话的第三空间。

舞动三，睡前慢板舞（3 分钟）。

方法：找一条薄纱或丝巾，放慢动作，模仿树叶飘落的轨迹。在超慢速的舞动中，我们的小脑会被激活，它可以抑制我们的过度思考，用身体韵律代替大脑的喋喋不休。

舞动四，办公室隐秘绽放舞。

方法：在会议或工作中，可以用手指在桌下模拟开花的过程，通过握拳、五指缓缓展开到指尖颤动；或者用脚趾在鞋内跳"秘密踢踏舞"，轻柔而有节奏地动动 5 个脚趾。通过这种微观的舞动保持我们的能量流动，避免久坐僵化身心。

舞动五，自由舞蹈（任何时刻）。

方法：选择一个空旷的地方，放上一段你喜欢的音乐。闭上眼睛或者用眼罩蒙住眼睛，让身体随着音乐的节奏自由摆动。不要刻意控制或规划动作，只是让身体自然地反应。你可能发现，身体在某些时刻会做出一些自己从未想过的动作，这些动作正是身体智慧的体现。然后，你可以主动地尝试一些自己从未做过的动作，放大动作的幅度，感受其中的差异带来内心感受的变化。

在一首首歌曲中，我们终会迈出脚步，敢于触碰，僵硬的肩膀也会在呼吸中一点点垂落，好像在石头裂开的地方长出了花。

问问自己：你有多久没有"疯"过了？在舞动中额头渗出了汗水，那个瞬间的我们比任何时候都耀眼——原来狼狈也可以是另一种漂亮。原来，我们身上最沉重的铠甲往往是自己一针一线缝上去的。怕不够优雅，怕被人议论，怕流露脆弱就会失去掌控权。

可当我们终于敢在黑暗里踉跄地舞动，敢让眼泪沾湿别人的衣领，才突然明白——真正的成长：

- 不是活成钢筋水泥，而是允许自己偶尔像春日的柳枝，被风吹得七零八落，却依然舒展；

- 不是把所有眼泪都炼成子弹，而是敢捧着真心说"我需要"；

- 不是永远精致得体，而是能对着镜子里那个蓬头垢面的自己说"你辛苦了，我抱抱你"。

你还记得吗？婴儿攥紧拳头来到世上，却是在学会张开手掌后才真正站起来的。

让那些硌着骨头的硬壳裂开缝隙吧！光，从来都是从裂缝照进来的。而柔软，是我们接住光的掌心。

> 🔍 **本章思考题**
>
> - 回忆你生命中某次"以柔化刚"的真实经历，那时的"柔软"让你失去了什么，又孕育了什么？
> - 想象你最常做的家务动作（如做饭、扫地）是一支独舞，它原本的配乐设定是什么？你会如何重新编曲，让它们变成你的宣言？
> - 在面对诸如职业转型等重大变化时，我们如何像身体一样，以积极灵活的态度去适应并实现自我突破？

第 4 章

你就是自己的资源中心

· — · — ❖ — · — ·

凡事发生，皆有利于我。世间万物，皆为我所用。

——积极心理学理念

这个世界本无"有用"与"无用",
取决于你如何使用它们!

一棵树从不纠结如何成为另一棵树，它向下扎根，向上舒展枝叶，风霜雨露皆是养分。成长又何尝不是呢？当我们停止在他人瞳孔里校准年轮、不再向外索求"被认同"的安全感，而是学会向内看自己时，生命的年轮才开始显现真正的刻度。这才是资源觉醒的惊蛰时刻。

德尔斐神庙的箴言"认识你自己"击穿了人类数千年的精神困境：当我们总在他人目光中校准自己的价值时，就忘了真正的坐标系藏在心跳的节奏里。切断"被认可"的执念，那些曾用于讨好外界的能量才能回流成滋养自我的泉水。

世界不过是内心的全息投影，"知道"与"做到"在行动中交融，自信便如河床下的石英在时光中结晶成不可撼动的存在。

"做到"离不开创造，但创造不是无中生有，而是清除外界强加于我们的杂质。就像米开朗基罗雕刻大卫像时曾说："雕像早已藏在石头中，我只是去掉多余部分。"因为真正的创造者都懂得直线前进不是鲁莽，而是对本质的忠诚。

我们穿透"知道"与"做到"的量子迷雾，终将触摸存在主义的绝对零点：你才是宇宙赠予自己的终极可再生资源。

4.1　你的人生节奏不必参考任何人

我的一位前同事是世界马拉松六大满贯赛中为数不多的女性完赛者。9 年前为了对抗中年危机，她决定参加马拉松比赛。随后的 9 年间，她先后完成了 50 多场马拉松。马拉松不仅让她的身体变得更健康，也让她增强了自信。如今，年近 50 岁的她是企业高管，更是人生路上的长跑者。

当同龄人在美容院对抗地心引力、用理财对抗中年焦虑时，她把 42.195 公里变成解构年龄的密码。在东京马拉松的暴雨中，她发现："痛苦不是终点前的路障，而是校准生命力的量尺。"每场比赛后，她会在奖牌背面刻下当时的体脂率和静息心率。这些数据连成的曲线，比股票 K 线更真实地记录着生命的增值轨迹。

同一天，清晨 7 点的地铁站里，无数双眼睛在手机屏幕上快速滑动。人们用拇指收割着别人的婚礼现场、升职喜讯、旅行美照，像采集标本般将他人生活碎片装进自己的记忆宫殿。当我们把 20 岁到 40 岁折叠成进度条、将人生兑换成可量化的 KPI 时，那个真正重要的命题正在消失——你究竟在活谁的人生？

李薇这天经历了三次心理崩塌：早餐时看见学妹拿到录用通知书，午休刷到前同事创业融资，深夜又撞见闺蜜的马尔代夫婚礼九宫格。她活得像个人形计数器，把别人的里程碑换算成自己的生存倒计时。

"同龄人存款""理想婚龄""职场晋升表"这些数据化标尺

正将生命切割成标准化零件。我们像参加隐形奥运会的选手，在根本不属于自己的赛道上负重奔跑。不知不觉，我们成了他人剧本里的龙套角色。

这些"比较"焦虑源于认知的三大谬误。

谬误一：全景幻觉，误将他人的高光片段当作完整的人生。

谬误二：时区混淆，忽略了个体生命节奏的独特性。

谬误三：价值错位，用外部量尺丈量自己的内心花园。

当我们在朋友圈看到留学归来的同学时，却看不见他在语言学校的辗转与艰辛；当我们羡慕自由职业者的洒脱时，却忽略了他凌晨改方案的焦虑；当我们仰望企业高管的成就时，却忘记了他 20 年的持续积累。每个完美生活标本背后，都藏着未被展示的草稿本。

在传统叙事中，中年女性的战场是厨房、家长会和美容院。但总有人选择另辟赛道：

- 驻村干部黄文秀，选择回到家乡工作，用不断下降的贫困率书写百姓欢歌；
- 清洁工画家王柳云，用废弃颜料自学油画创作，作品《绿肥》在中国美术馆展出；
- "曳尾菌"周晴烽，用微距摄影成为菌类摄影师，投身科普让热爱与生活两全其美。

这些真实存在的人生叙事，像璀璨的极光撕破所谓"适龄"的夜幕。生命的奇迹绝不是通过参考他人来创造的。很明显，有一种更重要的智慧在起作用。

西西弗书店创始人金浩在 55 岁重新出发时，用 20 万张读者留言拼出城市阅读基因谱；敦煌壁画修复师李云河每天工作 8 小时，耗时 40 年才完成 3 个洞窟的修缮。这些看似"缓慢"的坚持，实则在雕刻时光的另一种形态。

在丢失了"自己"节奏的人生里，我们只能简单参考他人走过的路。只有重塑自我生命坐标，才是找回人生节奏的开始。在这个过程中，有两个非常重要的认知。

第一，尊重个体差异，接纳不同节奏的人生。

每个人都是带着特定"出厂设置"来到世界的独特个体。美国发展心理学家加德纳的多元智能理论揭示人类至少存在 8 种智能类型，但社会教育体系通常只开发其中 2 ~ 3 种。所谓天赋，往往藏在你毫不费力就能做好的事情里。

每个人都有不同的性格、兴趣、天赋和成长背景，这就决定了我们的人生节奏必然各不相同。有些人可能在年轻时就展现出非凡的才华，早早地取得了事业的成功。例如，比尔·盖茨在大学期间就辍学创立了微软公司，成为世界首富。而有些人则大器晚成。例如，苏洵年少时不喜欢读书，四处游历，直到 27 岁才开始发愤图强，最终成为北宋著名的文学家，与儿子苏轼、苏辙并称"三苏"。

在生活中，我们也会遇到不同节奏的人。有人喜欢早早地规划好自己的人生，按部就班地朝着目标前进；有人则更喜欢随性而为，在探索中发现自己的方向。这两种生活方式并没有优劣之分，只是个人选择的不同。

我们应该尊重每个人的选择，接纳不同节奏的人生。例如，当我们看到身边的朋友在事业上发展迅速，自己却还在摸索阶段时，不要盲目地焦虑和追赶，而要相信自己的节奏，专注于自己的成长。同样，当我们看到有人选择了一条与众不同的道路时，也不要轻易地评判和质疑，而是要给予理解和支持。

第二，坚守自我节奏，才能在人生旅程中稳步前行。

坚守，意味着我们要学会倾听内心的声音，不被外界的干扰所左右。在面对外界的质疑和压力时，我们要有坚定的信念和强大的内心。我认识的很多女性创业者，她们身上都不约而同地展现出这样一种特质：决定投身于一个行业时，尽管这个行业充满了不确定性和风险，但她们相信自己的判断，坚信这个行业有着巨大的发展潜力。在创业的过程中，即使遇到了资金短缺、人才流失等诸多困难，她们也始终没有放弃，而是按照自己的节奏一步步推进项目。最终，公司活了下来，并且开始在行业崭露头角。

以下 4 种坚守自我节奏的方法，你不妨尝试一下。

第一，深夜记事本里的真心话。

"今天哪个决定是发自内心的？"每晚我会在脑海中浮现这个问题。当然，你也可以记录在本子上。

例如，"替同事加班 3 小时——其实想回家看新下载的美剧。"第二天，你可以试着说："这次可能帮不上你，但我可以分享一些操作指南。"3 个月下来，你就会发现本子里记录的真实时刻越来越多，像发现了另一个更坦率的自己。

通过每天预留 15 ~ 30 分钟的专属时间，区分"我想做"和"我该做"，用持续记录的方式提升自我觉察力，目的是日后能更加精准地做出契合内心的选择。

第二，办公室里的透明结界。

当主管第 3 次把急件放在小敏的桌上时，她指着日程表说："现在处理这个的话，A 项目方案要延到周五，您看可以吗？"

就像给工位画了隐形警戒线，现在遇到不想去的聚餐，小敏会晃着药盒，笑着说："医生让我忌口呢。"这样既保全了体面，也守住了自己的时间。

明确自己在生活与工作中的原则底线，构建清晰的个人边界。用"解决方案＋选择项"替代直接拒绝，让坚持自我更加从容，确保始终按照自己的节奏稳步前行。

第三，手机里的三重信息滤网。

Lily 的手机相册里有 3 个特殊文件夹：红色（急）代表立刻要用的工作资料；黄色（等）代表需要查证的热点话题；绿色（真）代表触动内心的深度好文。上周全网刷屏的护肤"神器"在 Lily 的"黄色"文件夹里躺了 3 天后，被她发现成分表第三位是致敏源。这个偶然的发现让她意识到，遇到热搜事件先丢进

"黄色"文件夹，等情绪沉淀后再处理。

我们每天会接收海量的信息与繁杂的观点，此时培养独立思考能力显得尤为关键。对于流行趋势、热门话题，我们不要盲目跟风表态，而是要静下心来深入剖析其背后的本质与合理性。建立信息分类制，用冷却期对抗冲动判断，培养独立思考的习惯。通过持续锻炼，让独立思考成为一种习惯。未来，在面对外界纷扰时，我们才能保持头脑清醒，做出明智的抉择。

第四，私人定制版人生课表。

今年把年度计划改成课程表之后，周三晚上雷打不动地写着"绘画课"，周末留白处标注"惊喜时间"。当朋友炫耀新房时，可欣正在咖啡店里勾线稿。这里藏着她的秘密：用半年时间准备个人插画展。虽然慢，但每一笔都画在自己的心尖上。

在制订生活与工作计划时，将自己的需求与目标置于核心位置。将大目标拆解为专属日程，允许弹性空间，聚焦内心真正渴望的成长。以自我需求为导向制订计划，能够确保我们的每一步行动都与内心节奏完美契合，稳步朝理想的生活迈进。

站在人生的观景台上俯瞰，那些曾让我们焦虑的"落后"不过是不同风景线的交错呈现。生命不是马拉松，而是各自绽放的百花园。当你停止复制他人的人生模板时，属于自己的剧本才会真正展开。

你不需要活成任何人的续集，你本就是这个世界上独一份的珍藏版。

🔍 **本节思考题**

- 回顾过往经历，你有哪些时刻是因外界期待而非自身意愿做出选择，这些选择让你对自己的真实需求有了怎样的新认识？

- 当你参考并复制他人的人生时，你的人生中有什么没有发生？

- 如果不再参考他人，你的人生有什么新的可能？

4.2　自信来自大量的从"知道"到"做到"

我们正活在一个知识过剩而行动贫瘠的悖论时代——书架上的新书已落满灰尘，收藏夹里的 TED 演讲从未点开，健身 App 的年度报告写着"累计观看 7 小时，实际运动 27 分钟"。

大脑会把未实践的认知转化为焦虑的养料。"知道"与"做到"的裂缝越来越大，真正的自信就如同沙漠中的海市蜃楼，停留在触不可及的远方。明明懂得"爱自己"的道理，却在镜子前依然习惯性挑剔身材；熟读职场沟通指南，却在会议发言时心跳如雷；收藏了无数自我提升的书单，却始终迈不出行动的第一步。

这是现代人最深的困境——活在知识的海洋里，却淹溺在行动的浅滩。这种认知与行动之间的鸿沟，恰是建立自信的必经之路。因为真正的自信不在云端的知识宫殿，而在脚下用行动铺就的阶梯。大脑最深的记忆刻痕，永远来自身体力行时的神经回路重塑。

我在工作坊中曾遇到学员：她们能精准引用《被讨厌的勇气》的段落，却无法拒绝同事的过度请求；她们熟稔《非暴力沟通》的理论，却在亲密关系中习惯冷战。她们中很多人是"知识的巨人，行动的矮子"，知道却做不到的现象比比皆是。当思维停留在"证明自己"而非"发展自己"的阶段，知识反而会成为逃避行动的盔甲。

❀ 80 岁能讲的故事。

尧尧：我感觉自己陷入了严重的知识焦虑。例如，我的书架上摆满了 IP 打造的图书，手机里也藏着 TED 演讲的合集。但最近领导交给我一个项目时，我犹豫了。我觉得自己没有准备好，也没有自信能做好这项工作。领导让我考虑一下，我还没想好怎么答复。所以，我想在今天的沟通中清晰一下到底要不要接这个项目。

我：什么是影响你清晰的核心？

尧尧：嗯，我觉得自己没有把握能做好这件事。有很多担心，怕自己做不好。毕竟这是一个新项目，而且对公司还挺重要的。

我：为什么有这么多担心，你还是决定今天讨论这个话题？

尧尧：我对这个项目本身还是挺感兴趣的。以前我看了很多相关的书，也自学过一段时间。但是真到要接手时，我心里还是挺打鼓的。要是完全不想做，我想我是可以拒绝的，因为部门也有其他同事可以做。说到这，我突然觉得我更讨厌自己现在的这种状态，想做又不敢接（沉默）。

我：我好像感受到此时你内在有一些情绪？

尧尧：（停顿）嗯，自己明明做了这么多准备，为什么迈不出这一步？

我：这件事情最坏的结果是什么？

尧尧：好像怎么选，自己都不满意。如果我拒绝了，我会恨自己不争气，估计领导以后也不会再给我新项目；如果我接了，但是搞砸了，我也会责备自己。哎！

我：哪种你更不能接受呢？

尧尧：前者吧。

我：那如果搞砸了，你有什么收获？

尧尧：收获？这个还真没想过（沉默）。哦！我知道了！我知道了！我不会一无所获，至少有了经验，也许下一次我会做得更好。不知道为什么我突然有个画面，就是我已经头发花白，大概 80 岁了吧，好像在跟我的孙辈分享我的故事。

我：很有意思的画面啊。那如果你只当理论家，你准备跟他们分享什么故事呢？

尧尧：（笑）这是个很有意思的问题。谢谢教练，我想我已经有答案了。

我：好啊，恭喜你啊，那个答案是什么？

尧尧：行动起来，接受这个挑战，积累经验。

尧尧认为只有成为自信的人才能做到，这其实是很多人的误区。过度准备的本质是给对行动的恐惧穿上理性的外衣。

下一次当你遭遇挫折时问自己："这次经历教会了我什么新技能？"将失败转化为成长的养分，比纠结"要不要做"更有价值。自信的核心是行动，愿意尝试。要知道尝试并不会让你"死掉"，你只会学到新东西。当学到新东西时，它就消除了你的一点点不安全感，从而让下一次尝试变得容易一点。

自信不是前提，而是结果。当什么都没有做时，纠结自信与否没有任何意义。将知识熔铸为生命经验，把一个个"知道"变成"做到"，才是自信的来源。

但仅仅拥有这样的认知还不够，如何让"做到"变得更容易起步呢？以下引入两个法则，可以帮助我们在神经回路上雕刻自信。

第一，微小行动法则。

用最小代价实现突破，这是微小行动的重塑力。女性特有的细腻思维常使我们陷入"准备陷阱"。我的学员小薇花了半年时间研究如何成为疗愈师，却始终不敢开启自己的新职业。直到我陪她进行"10 分钟挑战"——只需在我们的对话中完成 10 分钟的刻意练习，她才发现实际进展并没有想象的那样困难，那种"原来如此"的顿悟胜过阅读 10 本疗愈书。

行动本身就会修正认知偏差，微小的行动突破会重置我们的心理阈值。正如亚马逊创始人贝佐斯所言："重大创新往往始于看似可笑的实验。"神经元从不相信豪言壮语，只臣服于重复的电流脉冲。

第二，能力迁移法则。

行动是激活过往经历的密钥，能力迁移是经验的跨界重组。38 岁的李静（化名）面临典型的"35 岁 +"焦虑——从外企市场总监转型商业教练时，她总被没有心理学背景的自我怀疑困住。在我们的探讨中，她找到了把 15 年的品牌经验转化为教练的优势——用新品上市标准化流程设计课程框架，将消费者洞察模型改造为职场沟通诊断表。当她用当年打造某品牌活动的经验帮助客户设计个人品牌课程突围方案时，首期课程很快就被报满了。

正如雷军所言："降维打击的本质是对核心能力的跨界重组。"

在破解行动的过程中，我们还有三重封印有待一一解封。

封印 1，完美主义幻觉。

社会的"全能期待"常让我们陷入"要么完美，要么不做"的困局。

一位朋友曾是典型代表。她想开烘焙工作室，却因担心产品不够米其林水准而拖延 3 年。直到她把目标拆解为"每周请 3 位朋友试吃"，6 个月后她的手工饼干已在社区小有名气。所以，完成比完美更重要，0.1 永远大于 0。微小行动告诉我们：每天设定一个只需 5 分钟就能完成的小目标（例如，写 200 字方案），用身体记忆打破"完美主义"的魔咒。

封印 2，情绪潮汐管理。

女性受生理周期影响的情绪波动常被误判为"行动力不足"，但它也可以转化为资源。我认识一位自由插画师苏苏，她为自己设计了一个非常有趣的"能量周期行动表"：排卵期突击创作，经前期处理行政事务，月经期进行灵感收集。顺应而非对抗身体节奏，让她的效率大大提升。与我们的身体和解，才是女性最优雅的叛逆。

为了让成就可视化，你还可以准备一个"做到"笔记本，记录每一次突破（如"今天主动发言 3 次"），视觉化积累带来的心理暗示比任何"鸡汤"都有效。

封印 3，社会角色影响。

Jessica 在转型做心理咨询师时被"好妈妈"的人设所困。后来，她找到了"角色切换仪式"：辅导孩子功课后，戴上特定项链，点燃香薰，让身体记住"此时我是咨询师"。恰当的角色扮演能加速身份认同，从而更快进入行动。

但很多人不是因为没有行动，而是没有持续地行动。"我试过了，但是没有结果。"这可能是你尝试的次数还不够多。

加州大学洛杉矶分校的脑成像研究发现，当人们持续完成目标时，大脑的奖赏中心会持续释放多巴胺，这种神经递质不仅会带来愉悦感，更会强化"我能行"的信念。这也解释了为什么坚持晨跑 21 天的人会突然发现自己有勇气挑战马拉松。

因此，构建持续行动的支持系统就显得尤为重要。

首先，建立"庆祝神经元"。我在学员群推行"微笑胜利打卡"：有人分享第一次拒绝同事"甩锅"的微信截图，有人上传独自看病的照片。这些被传统成功学忽视的"勇敢瞬间"，经过社群的正向强化，会转化为持续行动的心理资本。脑科学研究显示：每次自我肯定都会刺激多巴胺分泌，形成"行动—奖赏—再行动"的良性循环。

其次，设计"防倒退机制"。曾有位学员在创业低谷期设计出"失败应急包"，里面装有客户感谢信、巅峰时刻的照片，甚至录有自己打气语音的音频。当自我怀疑侵袭时，"实体化的自信存储器"总能让她重燃斗志。

最后，打造"成长型社交"。我曾参与过一个"女性行动者联盟"，她们有一个特色规则——人群需承诺每月尝试一件恐惧之事。于是，我们见证了银行高管首次表演脱口秀，家庭主妇组织百人读书会。这种互相激发创造了惊人的群体成长效应。看见同类突破，会激活我们潜意识中的行动潜能。

当我们持续将知识转化为行动时，实际上是在重塑自我认知——从"我应该能"变成"我就是能"，自信的声音就在这个转变的过程中变得越来越大。真正的自信从不是永恒稳定的状态，而是与不确定性共舞的艺术。

请放下对"彻底准备好"的执念，就像首次学骑单车的那个下午，允许自己摇晃，接受可能擦伤。每个踩下踏板的瞬间，你都在创造独属于自己的自信基因。

🔍 本节思考题

- 最近 3 个月，哪件是你反复查阅攻略却始终未行动的事（如申请晋升、开启副业）？这件事的最小可行性步骤可以是什么？

- 在你当前最想突破的领域（职场、关系、健康），"要准备充分再行动"的执念曾让你错失过什么机会？你以往被低估的哪些经验能立即用于这个领域？

- 请设计属于你的"自信存储器"：包含 3 首让你重燃斗志的歌曲、2 个能给予建设性建议的联系人、1 件代表突破时刻的实体物品，分别是什么？

4.3 想要什么就直接创造，两点之间直线距离最短

成长路上，我们总在无意识地绕路：想转型却要考完所有证书；渴望创业却要等到孩子上大学；向往自由职业却担心社保断缴；用 20 年学完知识，再用 40 年忘记如何思考；为升职学英语、考 MBA，却不敢直接敲开 CEO 办公室的门；用 99 次试探确认爱情，却在第 100 次转身时错失。就像用圆规画出的完美螺旋，在无限趋近中心时耗尽心力。这种迂回本质上是安全感的代偿——用持续准备对冲对未知的恐惧，用过度思虑消解对失败的焦虑。

❋ 我在等的原来是自己！

小悦：我带来的话题是关于紧张的。尤其人多的场合需要我发言，在聚光灯下时就很紧张。紧张是我的底色，今天之前我也做过一些探索，可能我就是这样的人，有这样的特质。紧张也是我的一种自我保护方式，相当于一种关闭状态，故作高傲。所以，大家可能也觉得我挺高冷的。事实上，我在防御自己内在的不舒适感。但现在，我希望改善这种状态。

我：这一刻你的紧张感怎么样？

小悦：还是有一点儿，我能感受到心跳加速。

我：刚才你说紧张是你的底色，希望改善这种状况，你希望它是什么颜色？

小悦：我觉得是我喜欢的颜色，那种激烈一点的红紫或蓝紫色。

我：如果它是你的底色，为什么要变呢？

小悦：好像也没有一下子改变，比如红紫或者蓝紫，里面也有红色成分。它好像不是替换，而是在原来底色的基础上调和一些其他颜色，让它不那么紧张。

我：前面你说紧张时会关闭自己，你真正关闭的是什么？

小悦：我怕否定，不被外界看好。当然，我也有完美主义情结，觉得自己好像不够好、不够智慧、不被赞美、不被认可。也有原生家庭的影响，我父亲是比较严格和有完美情结的人。

我：今天是一个公开教练的场合，为什么带着紧张，你还要来做客户？

小悦：我觉得它是我这个生命阶段会面临的一个问题，我要为自己创造点什么。自从去年打开互联网社群以后，我觉得这个状态好像是势在必行要调整的地方，否则它会阻碍我的发展。

我：紧张和你的发展之间是什么关系？

小悦：紧张就没办法自在地表达，我学了那么多，肚子里没有货吗？还是有的，但是输出时这样的状态就会影响我。我一开口就是混沌的状态，没有逻辑，也不清晰。

我：听上去你希望一开口就可以做到清晰、有逻辑？

小悦：对，这是我欣赏别人的点，我希望自己身上也能拥有这样的品质。

我：为了获得这些外在的品质，你的内在需要有什么变化？

小悦：首先是状态。状态不紧张，内在就有空间了，我也能自然陈述出来，所以要调状态。其次是内容方面。我不擅长的不敢说，如果有我擅长的，其实也可以。

我：从我们对话开始到现在，你所表达的整个呈现和内在感受是怎样的？

小悦：现在，内在不紧张，相对比较轻松；外在我不敢保证，好像有点对外在评分的期待。

我：你不知道我接下来会问什么问题，也无法准备，怎么保持这个状态呢？

小悦：可能是场域比较熟悉吧，好像也不会涉及观点交锋，就是我自己主观的看法，所以比较松弛。

我：从你刚才的表述中，我感受到的是你知道怎么做，但是好像在等什么？

小悦：嗯，好像是在等我自己。我特别在意自己的形象，所以会有完美主义在拉我。如果不要完美，只要去做，哪怕不好、见解不对也没关系，就是大家说的完成大于完美吧。

我：如果在任何场合，不会有人对你的表达有任何评价，你还会有这种紧张感吗？

小悦：应该没有，因为没有了外在的束缚和评判。这样说来，其实还是自己跟自己的关系。怎么说到我跟我自己了？嗯，这样说来，应该是我要允许自己更多地表现，我想到一个词——绽放。

我：通过今天的探索，你对自己有什么新的发现？

小悦：就是刚才我说场域影响了自己的表现，其实到最后我发现，还是自己跟自己的关系。好像我也没给自己创造可以充分表现的场域，最后这一点发现还是蛮让我惊讶的。

小悦每年都会投入数万元学习，从有证书的课程到没有证书的课程，跨越不同学科。但是，知识本身及所投入的时间似乎并没有和她最终想要成为的自己成正比。

在成长的过程中，我们学习了很多知识和技能，也知道如何使用技术获得更多的知识，因此可能会产生一种错觉，认为阅读了多少书、学习了多少知识、走过多少国家、见过多少人都是自己与众不同的资本。实际上，困境中我们唯一能为自己做的就是创造，因为两点之间直线距离最短。创造力不需要弯道超车，它本身就是击碎迂回的穿甲弹。

我在网上看过一个故事。陈露决定创立独立首饰品牌时没有按常规路径报读商学院或积累客户资源，而是直接在社交媒体发起"每日一戴"挑战，用手机拍摄佩戴自制首饰的职场穿搭。几个月后，首场直播带货就达成了不错的销售额。"我没有等待完美的产品线，而是在互动中迭代设计。"她转动着耳垂上的几何耳坠说道。

这种直线思维包含三重认知跃迁。

- 资源观迭代：从"条件完备才能出发"到"带着火种上路"。

- 过程观重构：从"避免出错"到"可控试错"。

- 价值认知升级：从"被认可才行动"到"用行动赢得认可"。

转型不是精心规划的结果，而是在行动中逐渐清晰的图景。女性特有的同理心、细节感知力和关系协调能力，本身就是驱动行动的核心动能。

换句话说，直线思维的核心要义是把"我能不能"转化为"我需要什么"，将"条件是否成熟"替换为"此时能做什么"，让"他人怎么看"让位于"我想要什么"。

直线创造力的本质在于对生命经验的诚实表达。

日本陶艺家滨田庄司曾言："器物之美在于消除所有不必要的弯曲。"创作者剥离历史强加的叙事伪装时，展露出的是更接近创造本真的状态。作家伍尔夫写道："女性身上有一种高度发达的创造力，生来复杂且强大……她们的创造力和男性的极为不同。这种力量是几个世纪的严厉约束换来的，它不可替代，如果遭到遏制或者白白浪费，那绝对是一万个可惜。"

站在文明迭代的临界点回望，那些曾被视作弯路的生存经验恰恰构成了创造力的独特坐标系。当历史积累的能量达到临界质量时，直线便成为最经济的释放方式。这启示我们：真正的创造力不需要装饰性的迂回，在人工智能重构创造范式的今天，女性创造力展现的直线美学或许正是破解同质化困境的终极密码。

在一个视频中，深圳湾创业广场的星空露台上，无人机编队明明可以直线抵达目的地，却总要划出优雅的弧线。直到某天工程师朋友揭秘，那是为了绕过肉眼不可见的信号干扰区。这恰似女性成长的隐喻。真正的直线思维不是鲁莽冲刺，而是基于精准认知的路径优化。我们建立内在的"导航系统"，就能在纷繁干扰中保持航向。那些曾被视作阻碍的特质——对风险的警觉、对关系的重视、对意义的追寻，都将转化为独特的优势。请记住：

- 每个"但是"背后都藏着 3 个"可能"；
- 你不需要斩断所有退路才能前进；
- 人生没有标准航线，只有不断校准的方向。

现在，我想邀请你取出纸笔完成这个句式：如果不再等待_____，我将立即开始_____。让这个未完成时态的答案成为你直线路径的起点。毕竟，两点之间最短的距离不是看得见的直线，而是你选择出发的勇气。

> 🔍 **本节思考题**
>
> - 如果此时你正在无意识地绕路，那个被你推迟的核心目标是什么？
> - 你的人生是否存在"过度抛光"？
> - 5 年后的你会如何评价此时的犹豫？

4.4　启动不同能量，创造属于你的风水

为了让你们知道这不是玄学，而是科学，我先说能量是什么。

量子物理学有一个著名理论：每种物体都是一种能量，物质的本质是能量。能量由物质内部的运动和振动产生。小到原子、分子，大到天体运行，都在不断地运动和振动。因此，世间一切物质都是不同运动周期和不同振动频率形成的能量。能量与能量的不同，就是振动频率的不同。

振动频率最高的成为无形的物质，比如，精神、意识；振动频率较高的会形成有形的、有生命的物质，比如，人和动物；振动频率较低的会成为固体物质，比如，植物、桌椅等；振动频率

更低的就会成为水、泥土、石头、金属等液体或固体物质。

振动论向我们揭示了人类能动性的双重振动本质。

第一，行为是一种振动，不同的行为产生不同层级的能量。

为什么有人的能量层级高，有人的能量层级低呢？因为振动频率不同。同样，人的行为不一样，产生的能量级别就有差异。

有人助人为乐、勤快、运动、起居规律，他们的能量层级就高。

有人善于算计、懒惰、投机、好吃懒做，他们的能量层级就低。

第二，意识是一种振动，振动频率越高，能量就越强。

物理学家研究了 300 年后发现：物质里面竟然什么都没有，内部是空的，它的本质并非物质本身，而是能量。因此，物质比起东西而言更像念头。

物质来自念头、我们的意识。若非先有了关于火车的念头，这个世界也不会出现火车；若非我先有了写这本书的念头，这些文字也不会出现在你眼前。就像如果你看一幅油画，你会发现它是由画布和各种颜料组成，它们是可见的组成元素，还有那些看不见的部分——画家的构想和思想。一幅画之所以成为一幅美丽的作品，是因为画布和颜料等物质的组合运用，它们的决定因素都来自绘画的人，也就是他的构想和思想。如果没有这部分，根本没有所谓的画。因为意识产生了这幅画，它来自我们的念头，即意识。

因此，我们的意识也在产生能量，霍金斯能量层级的研究向我们揭示了这一点。

勇气、淡定、主动、宽容、明智、爱、喜悦、平和、开悟的人，能量级别高。

骄傲、愤怒、欲望、恐惧、悲伤、冷淡、内疚、羞愧的人，能量级别低。

人与人最大的不同是能量级别不同。人的能量场是看不见的，但这种力量是巨大的，就像万有引力一样时刻影响着我们。

每个人都有属于自己的频率，各种心念、思想、行为、语言产生的频率交织在一起成为属于我们自己的能量磁场。我们拥有什么样的能量磁场，就会过什么样的人生。

如果说我国古人使用风水术是为了帮助自己择吉避凶、改善与调整人生运势，那么了解能量的本质，你就会知道：你的能量才是最好的风水。风水的好坏与人体能量成正相关，能量层级越高，风水越好。因此，想要获得更好的风水，就要让自己处于更高的能量层级。

我在养育孩子的过程中，尤其是孩子上小学一年级的那段时间常处于内疚中。我是一个要求很高的人，对自己和孩子都是。所以，刚上小学的孩子每天不是因贪玩而把衣服弄得很脏，就是文具盒里永远没有完整的铅笔和干净的橡皮，这些让我从公司回到家就马上体验到断崖式的无力感。对着孩子大喊，孩子哭，我也哭。夜深人静的时候，情绪过去，看着孩子哭肿的眼睛，我又陷入了深深的自责，告诉自己不能这样对待孩子。可是，第二天再次面对没有"长进"的孩子时，我再次陷入"大喊—自责"的循环。那段时间，我的每一天都过得很辛苦，身体累，心更累。

直到有一天，重复的一幕再次上演时，我无意间抬头，看见房间的窗户映出了自己的样子——怒目圆睁、愁眉横锁、体态张狂，我当场就怔住了。那一刻，我意识到如果继续处在自责、内疚的循环中，孩子和我只会变得越来越差。"这不是我想要的！"我不能再处在低能量的状态中，我需要改变。

从调整到彻底改变看待孩子的方式，不再内疚，停止内耗，我做了什么呢？并非像网上传授的默念"他是我亲生的"，这种看似很有道理的文字，其实力量是很弱的。

说起来简单，这个过程发生得也很快，就是念头的转变，让我体验到了一瞬间被打通的感觉。当时，我正在教练课程的学习中，一位学员正好也遇到了跟我类似的教育挑战，她询问老师如何教练自己的孩子。老师说："真正需要被教练的不是孩子，而是父母！"

如果此时你正在面临类似的挑战，请跟随我的引导体验一念之转的力量。

首先，请思考：在你的人生中，谁是那个让你无比尊敬的人？为什么？他可能是你的父母、长辈、职场领导、企业领袖等。

然后，带入未来视角：如果这个人现在处在你孩子的年龄，来到你的家里，你会如何对待他？你一定会非常热情、恭敬地迎接他。即使他做了一些你当下不喜欢的事情，你也会原谅他。为什么？因为你知道，未来的他会成为让你尊敬的人。同样，如果你知道你的孩子某天会成为一位优秀的人、你尊敬的人，请问你还会用跟今天一样的眼光看他吗？一定不会。

我相信你已经体验到其中的差异：当内心升起了一个新的念头时，我们意识到孩子今天的表现并不能代表他的未来，孩子是在不断成长和变化的；当我们可以看到更长远的画面时，眼下这些细碎的小事似乎都不再重要了。

在这样的一念之转中，我的认知从内疚、自责变成了接纳。我开始带着觉察和孩子相处。即使过程中依然偶有情绪，我也更加接纳自己。慢慢地，辅导孩子学习，和孩子相处，我们也变得更加融洽。

不仅如此，回顾我的生活和工作，勇气和主动这两种能量也常常带给我好运。主动承担更多工作、主动发言、鼓起勇气认识我想要认识的人、勇于尝试不同的事物、勇于示弱、勇于突破自己、带着爱和善意对待身边的人……带着这样的意识，能量的频率也就发生了变化。

因为主动承担更多工作被团队认可；主动发言锻炼了自己公开演讲的能力；鼓起勇气发出邀请就真的认识了我想要认识的人，还成了合作伙伴，体验了不同的事物，从而获得了难得的感受；向孩子示弱让我发现了孩子不为人知的领导力；在创业的过程中突破自己，看到了无限可能性；带着爱和善意对待身边的人，也收到了同样的爱、善意和帮助。

你看，只要我们提升了自己的能量，身边的磁场就在发生变化，好事情就更有可能发生。我们的每个念头都是信息，而信息携带着能量。没有能量，信息也无法存在。

心想事成、好运常驻是每一个人的梦想。那么，好的风水是如何显现的呢？

能量和信息的传递，一切都是以波的形式存在的。在波的世界里，有一个非常重要的原理就是量子纠缠。简单地说，就是信号之间的互相作用。对于人而言，我们的意识和身体一直在发生量子纠缠，所以意识会影响身体。同样，身体也会影响意识。有一本在全世界流行的畅销书《秘密》，说的就是这个道理：一切都是我们吸引来的，如果真的想要，向宇宙下个订单，无论是财富还是健康，它就会真的到来。

对于宇宙来说，一切都是显现。只是一个念头的转变，能量就会发生变化，带来好的风水。我们身边发生的很多事情，其实本身没有好坏与对错。我们之所以这样觉得，是因为我们自己给这些事做了评判。如果一直停留在低频的意识中，我们想要的变化不会发生。

频率即命运，振动即人生。新的意识决定新的命运。最高级的风水，是你微笑时激活的苹果肌磁场；最强大的显化，是你流泪时仍选择相信的赤子心频。

🔍 **本节思考题**

- 你身上哪种行为的振动频率，正在吸引你不想要的人生？

- 哪个日常场景的能量消耗，正在悄悄改写你的人生剧本？

- 今天，你会做的一件能量调频的事情是什么？如何确保它真的发生？

日常修炼功课：

用"为我所用"的思维做任何事

　　本章探讨了"守护人生节奏"的底气、"从知道到做到"的自信跃迁，以及"直线创造目标"的果敢。但为何践行时总觉得步履沉重？因为多数人忽略了一个真相：真正的成长不是被动迎合世界的标准，而是主动将万物转化为滋养自己的养分。

　　"为我所用"的思维正是破解这个困局的核心密钥。它要求我们以"资源策展人"的姿态生活：不评判好坏，只问"此事能否为我赋能"；不盲从潮流，只取"此时所需"；不困于情绪，只专注于"如何转化价值"。

以下练习方法将带你从思维到行动，重塑与世界互动的方式。

练习 1：建立"资源扫描仪"视角。

下次遇到让你烦躁的事，比如通勤堵车、同事抱怨等，请启动以下思考。

- 这件事背后，我的哪些需求未被满足？（堵车＝我需要提前规划时间或渴望灵活的工作方式）

- 其中隐藏着哪些可提取的资源？（堵车时的音频学习时间，或观察堵车时人们的情绪反应作为写作素材）

- 如何将其转化为我的"成长燃料"？（利用堵车时间听行业播客，或观察周围的人和事并写成随笔）

这是万物皆可"资源化"的底层逻辑。正如作家庆山曾提到，她会在菜市场观察摊贩的对话，将市井语言转化为小说中的鲜活台词。这就是典型的"资源化思维"——没有无用的经历，只有未被开发的视角，所谓"无用"，只是放错场景的资源。

练习 2：能量置换公式——将负面体验"提纯"为智慧。

当陷入情绪漩涡时，试试以下句式。

虽然_____（事件）让我感到_____（情绪），但它释放了_____（资源），我可以用来_____（行动）。

例如，虽然项目暂停让我焦虑，但它释放了 20 小时的时间，我可以用来学习之前搁置的数据分析课程。

练习 3：向任何人学习，但不成为任何人——让人际互动成为"资源交换站"。

遇到欣赏的人时，用"特质拆解法"替代盲目崇拜。

- 他 / 她最吸引我的 3 个特质是什么？例如，从容感、共情力、跨界能力。

- 这些特质如何与我的核心优势结合？例如，用我的写作能力传播共情理念。

- 其中哪个特质可在 3 个月内初步培养？例如，每天记录一个共情对话片段。

"为我所用"不是精致的利己主义，而是一场认知革命。它要求我们以"创造者"而非"受害者"的视角重构一切遭遇，像炼金术士般将砂石淬炼成金，将风雨转化为灌溉心田的甘霖。

当你用"为我所用"的视角凝视世界时，所有声音都将变成可选择的和弦，所有遭遇都将成为可编织的丝线。原来不是你需要拼命追赶成长，而是整个世界都在等待被你温柔地"使用"。生活从不缺资源，缺的是把"麻烦"翻译成"原料"的编译器。而你，此时就携带着这个终极程序。

第 5 章

一边崩溃，一边自愈

·•·•·•·❧·•·•·•·

伤口是光进入你内心的地方。

——鲁米（Rumi） 诗人、哲学家

宇宙中的一切都在你体内，
向内寻求一切的答案吧！

大多数女性习惯用"我还能扛"来应对情绪超载，却在日复一日的"坚强"中模糊了自己的承受底线。我们精通时间管理、情绪伪装、责任分配，却唯独学不会对内心深处那句"我需要暂停"保持诚实。那些地铁上突然涌出的泪水、备忘录里写满又删去的呐喊、明明很累却无法入睡的深夜都在提醒我们：女性真正的成长，始于承认"崩溃"本就是生命力的另一种形态。

情绪复原力的真谛不是让我们完美地避开风暴，而是在暴雨中辨认方向。就像被风折断的树枝，伤口处会结成更坚硬的树瘤；那些让我们眼眶发烫的瞬间，恰是心灵肌肉生长的契机。

当思维陷入死循环时，不妨让身体先动起来。泡茶时观察茶叶如何从蜷缩到舒展，焦虑时整理衣柜并给每件衣服写"告别感言"，甚至在崩溃来临时认真涂完一支口红……这些微小行动如同心灵创可贴，未必治愈顽疾，但能止血续命，让我们有余力等待真正的转机。

某次高管论坛上，一位 CEO 谈起最艰难的决定。她在融资失败后，召开全员大会坦白"公司账上只够发 3 个月工资"，并邀请团队共同讨论转型方案。"本以为会人心溃散，结果 90% 的员工选择留下，还自发组建了攻坚小组。"她的故事让我想起亚马孙雨林中的"损伤激活"现象——被雷电劈伤的树木会分泌特殊物质，反而形成抗病虫害的保护层。

女性被要求展现"无懈可击"的领导形象，但真正的韧性源于"暴露脆弱的能力"。在项目受阻时说"我需要帮助"，在决策失误后公开复盘教训，在压力临界点时提议"休会 10 分钟"……这种不完美的真实，反而能激活团队的共生力量。毕竟，没有人愿意追随永不落地的超人，但我们会敬佩那个跌倒了仍能示范如何起身的领跑者。

社会时钟让我们都困在 30 岁前结婚、35 岁前生育、40 岁前实现财务自由的框架里，但对话过近百位女性后，我发现一个惊人的事实：那些活得自洽的人都在悄悄改写人生赛程表。她们的轨迹证明，人生没有所谓的"落后"，只有尚未发现的赛道。

去感受那个真实跳动的生命体，它不必成为光洁无瑕的瓷器，而应如历经窑变的建盏在裂变与重构中显现独特肌理。所谓"一边崩溃，一边自愈"，其本质是生命系统的智能升级：我们在遭遇挫折后，反而激发出前所未有的创造力，这证明我们体内本就存在超越性的修复代码。

5.1　心力不足时需要拓展情绪复原力

你有多久没感受过"满格状态"了？

我们的生活像被按下 1.5 倍速的播放键，而情绪的蓄电池却始终处于"充电 5 分钟，崩溃 2 小时"的恶性循环，更有甚者找不到"充电接口"。

这可能是你的心力不足的表现。它不是短暂的疲惫，而是一场无声的心灵旱灾。它不是加班后的困倦，不是争吵后的低落，而是明明身体在行动，灵魂却在旁观的割裂感。

- 你在朋友聚会时强颜欢笑，回家后却躲在浴室无声流泪。
- 你可以深夜加班，却在面对孩子的哭闹时突然失去耐心，吼完又陷入自责。
- 你像一台超速运转的电脑——程序都在执行，但散热系统已濒临崩溃。
- 明明有重要工作要处理，你却刷手机到凌晨，在"该做"与"想做"的拉扯中耗尽最后一丝力气。

这些时刻不是你不够努力，而是情绪复原力的防线正在塌方。用钢筋水泥对抗风暴，终将被自己的重量压垮。

我们总在"扛不住"时苛责自己，却忘了问："为什么非要用'扛'的姿态面对生活？"当"我应该"成为口头禅，当完美主义变成自我绑架，我们正在用他人期待的模板雕刻自己的人生。这不是真正的成长，而是对生命力的慢性消耗。

不是你的生命能量不够，而是情绪代谢系统需要迭代。就像用竹篮打水的人，不该责怪自己不够努力，而应该学会把竹篮升级为蓄水陶罐。

如果将心力比作生命的蓄电池，那么情绪复原力就是内置的"快速充电技术"。长期处于"低电量模式"，却仍强迫自己高速运转，最终只会导致系统崩溃。心力不足的本质正是情绪复原力的缺失，它让我们在压力面前不堪一击，在挫折之后难以重启，在自我消耗中逐渐迷失。

心力不足不是性格缺陷，而是情绪复原力系统过载的红色警报。神经科学研究揭示：当人长期处于"战或逃"的状态时，杏仁核会持续释放压力激素，导致前额叶皮层（负责理性决策的区域）供血减少。这就是为什么你在截止日前夜会突然情绪崩溃，为什么面对孩子打翻牛奶会莫名暴怒，因为你的大脑正在经历一场"情绪停电事故"。

一位在互联网公司工作的朋友曾这样描述她的处境："连续 3 个月凌晨 2 点睡，某天发现自己在茶水间对着自动售货机流泪，仅仅因为它吞了我 10 元钱。"这种看似荒诞的反应，实则是情绪调节功能崩坏的信号。就像我们不断给漏洞百出的木桶加水，却从不修补那些消耗能量的裂缝。

情绪复原力不是"不受伤"，而是"会愈合"。心理学家苏珊·科巴萨将情绪复原力定义为在经历创伤、压力或失败后不仅能恢复原有状态，还能借势重构更强大的心理结构的能力。

情绪复原力不是铜墙铁壁般的"不崩溃"，而是像海藻般柔软——被浪潮撕裂后，每一块碎片都能长成新的生命体。

洛杉矶街头有棵传奇梧桐树，1993 年飓风将其拦腰折断，园丁没有移走残桩，而是每天浇水。3 年后，断口处抽出新枝。如今，它的树冠比原先更茂盛。年轮显示，断裂处木质密度是其他部分的 2 倍。这仿佛在告诉我们，最深的伤疤往往藏着最坚硬的铠甲。

换句话说，情绪复原力是心理韧性的"动态调节器"。它不仅能缓冲外界冲击，更能将压力转化为"心灵反脆弱"的契机。就像骨折愈合后的骨骼会更坚硬，高情绪复原力者经历过崩溃后会生成新的"心理钙质层"。那些让你深夜溃败的正是重塑心理韧性的原材料。

情绪复原力绝非"快速压抑负面情绪"的粗暴克制，而是一套完整的心理代谢系统。它是指个体在面对逆境、创伤或重大压力时，能够快速调整心态、恢复心理平衡的能力。它不是天生的禀赋，而是可以通过后天训练培养的心理肌肉。

情绪复原力就像一套心理防弹衣，它由 3 个关键能力组成。

1. 把伤痛变成养料的能力——像植物一样在"伤口处开花"。遇到打击时，别着急消灭痛苦，而是学会从中"挖宝"。

当公司裁员时，别光顾着骂管理者黑心，整理一份"职场红黑榜"，写下自己真正擅长的技能和再也不想忍受的糟心事。下次找工作，这些就是"避坑"指南。就像我们种花时如果不小心把花盆摔破了，把碎片垫在花盆底部排水，反而让植物长得更好。真正强大的愈合，是让每次破碎都成为重构生命地图的契机。

你可以通过写下"今天最难受的事是＿＿＿＿，但它教会我＿＿＿＿"来刻意练习这种能力。坚持 14 天，也许你会发现自己开始本能地在废墟里翻找金矿。

2. **在风暴里搭帐篷的能力**——先保命，再找出路。压力大到要崩溃时，不硬扛，给自己建个"安全屋"。就像突遇暴雨时，你会冒雨狂奔，还是先找屋檐躲雨？

提前准备自己专属的"应急三件套"。例如，手机里存储的治愈照片（家里的猫咪）；包里放一盒薄荷糖（情绪激动时含一颗）；备忘录里写句咒语（比如"天塌下来先喝口水"）。

3. **学会"偷电"充电的能力**——你不是永动机，允许自己用小快乐修复能量。就像我们的手机没电时，找个共享充电宝充电 10 分钟，又能撑半天。

观察那些马拉松冠军的步频，他们从不全程冲刺，而是在每个补给站完成"30 秒充电法则"。能量管理的本质是用 5 分钟充电，比强迫自己"正能量"8 小时更有效。

每天做 3 件"偷懒"的小事。例如，午休时晒 5 分钟太阳；把微信头像换成自己喜欢的图片；对着镜子做个鬼脸，打破必须端庄的束缚。

了解了这些内核，如何提升自己的情绪复原力呢？以职场妈妈 April 为例，她在经历了无数个崩溃的深夜后开始尝试情绪复原训练。

- 思维阻断：当自责"不是好妈妈"时，她对着镜子大喊"停"，转而专注于孩子的笑脸。
- 焦点转移：面对工作与家庭的冲突，她选择"每周三准时下班"，将注意力集中在可控的亲子时光。
- 能量筛选：退出消耗性的微信社群，将时间留给真正滋养她的读书会。
- 赢家效应：每天早起完成30分钟晨跑，3个月后挑战半程马拉松，用身体的胜利重塑信心。

真正伟大的治愈是允许自己带着裂缝生活。我们可能会在某个深夜痛哭流涕，但在太阳升起时依然会涂上口红出门；我们可能会在职场遭遇不公，但转身就能给孩子讲睡前故事；我们可能会对镜感叹岁月流逝，但依然会为新长出的白发别上珍珠发卡。

我们理解了"一边崩溃，一边自愈"是生命的常态，就会在这种循环往复中产生强大的生命力。情绪复原力不是盔甲，而是弹性绷带，它允许我们受伤，但更教会我们如何在伤口上开出花朵。这或许就是我们实现自我的终极密码，在破碎与重构的轮回中永远保持对生命的敬畏与热爱。

允许自己摔跤，但必须学会用更漂亮的姿势起跑。在这个要求女性全能的时代，情绪复原力就是我们私藏的外挂系统。它不承诺永远顺风顺水，但保证你在每一次坠落后都能生出更优雅飞翔的翅膀。

🔍 **本节思考题**

- 你是否曾在某个瞬间感受到情绪复原力的力量？它如何改变了你的应对方式？

- 你的"情绪急救包"里会装些什么呢？记录下那些能快速安抚你的感官细节。

- 本周你会如何践行"赢家效应"，为自己设定一个小目标并完成它？

5.2　行动是最好的药，慢慢走也没关系

古希腊"医学之父"希波克拉底提出：行走是最好的药。这本是古代医学对自然疗法和身体活动的重视，但穿越千年，"行走"的智慧已不再局限于身体本身。希波克拉底之言蕴含了对生命本质的洞察——人类身体是为"动"而生，行走作为最原始的运动，是连接自然、自我与健康的纽带。在科技至上的今天，这个朴素的真理反而更具启示意义：真正的良药往往存在于日常的"步履"之间。"步履"既是真正的行走，更是实实在在的行动。

创业初期，我时常陷入"再改一版就睡觉"的念头。直到有一天，我突然意识到自己就像古希腊神话中的西西弗斯，每天推着巨石上山，却永远到不了山顶。我的处境可能是很多女性的缩

影，我们被"即刻完美"的焦虑裹挟，在行动与停滞中来回拉扯，直到筋疲力尽。

斯坦福大学行为实验室的研究发现，超过半数的职业女性存在"行动拖延"现象。当目标一旦被赋予"必须完美"的重量，大脑的奖赏机制就会失灵。就像画家在空白画布前迟迟不敢下笔，我们总在等待"准备好"的那一刻，却忘了画笔本身就是魔法。

不仅如此，我们很擅长深度思考，但也容易陷入反刍思维。当职场妈妈反复纠结"是否该辞职陪伴孩子"时，3 个月的时间已在焦虑中流逝。

当我们被困在某个问题中时，本质是被固定的物理环境与思维所束缚，而"行走"就是我们主动制造的"扰动"。行走于自然中是在向万物"提问"—— 一棵树的生长，一条河的流向，都可能隐喻着困境的出口。

今年，我和孩子参加了一次旅拍，这 3 天我们说的话、沟通的内容好像比过去一年都要多，都要深入。面对一个青春期的孩子，作为母亲，很多时候我感受到的是无力、委屈和愤怒，这些情绪常常交织在一起，让人无从下手。

正好有了一次旅拍的机会，我抱着试试看的心态邀请孩子和我一同前往，没想到他爽快地答应了。现在回想，"扰动"就已经在发生。去机场的路上，孩子主动聊起了我们以往出行的经历、他对学习的态度等。这让我突然意识到：谁说答案不能在外面？我并不是否定内在的力量，恰恰这是我一直在赋能他人的方式，但内在的丰盈也需要外在的激发。

所以，行走起来就是这样一股力量。答案也许就在寻找的路上，走着走着就有了。当我们被一些问题卡住时，就如同试图在静止的湖面寻找倒影，而行走让湖水重新波动起来，倒影和实景在波纹中共振。行走创造了新的流动，让裂痕生长出新的连接。

我们与他人的挑战如此，我们与自己的、和这个世界的挑战又何尝不是呢？

你的收藏夹里可能收藏了上百条"某某入门"的链接，却因为"怕学不会"而从未点开；你的笔记 App 里躺着数十条未执行的副业计划，分类标签叫"等我准备好"；你的日程表用红色字醒目地标注"新项目启动日"，但这个标签已经被你连续迁移了数周。

心理学家李松蔚提出：当人对现状不满却无力改变时，只需做 5% 的扰动。也就是说，用微小的确定性对抗宏大的焦虑。

- 5% 的扰动，就是我带着孩子一起去旅拍，而不是规划一个完整的亲子互动规划，然后也不确定是否有效。
- 5% 的扰动，就是一个想要重返职场的主妇与其制定全年学习计划，不如开始每周抽出一天去咖啡馆假装上班，然后带着笔记本观察商圈。

● 5% 的扰动，就是当被裁员、重新找工作时，与其海投简历，不如每天给 3 位前同事发一条信息，请教在他人眼中"我"的 3 个优势。

微小行动的耗能比重大决策低太多。它就像推开结冰湖面的第一道裂缝，后续的改变自然会延展。

✿ 你永远无法只凭空想象就能搞清楚！

嘉俪：有件事情，我挣扎了很久。3 年前，我辞掉了稳定的工作，回家照顾孩子。现在孩子上幼儿园了，我却不知道接下来要做什么。好像不清楚自己要专注于什么，感觉有点混乱，而且也很沮丧。我常常想，我该如何实现自我价值？可越想越焦虑。

我：这种感觉像什么？

嘉俪：像站在浓雾里找不到方向。我想帮助别人，我想有所作为，但我不知道如何融入这个社会！

我：一个站在浓雾里的人，要如何才能看清方向呢？

嘉俪：嗯，现实中我想需要等浓雾散去吧，或者来一阵风把雾吹走。

我：你觉得浓雾的尽头可能是什么？

嘉俪：可能是答案，我想做的事情。我有一个关于想要跳舞的想法一直挥之不去，它困扰了我很久，只是我不知道自

己可不可以跳舞。你知道我说的是专业舞蹈。我不知道
自己是否应该报一个专业的课程？其实，3 年前我辞职
也不只是因为要照顾孩子，还有我并不喜欢那份工作。

我：我的感觉是你似乎很清晰自己想要什么。

嘉俪：好像是的，只是我自己不愿意面对吧。

我：前面你提到的浓雾，除了等，还有什么是你能做的？

嘉俪：我关注一个专业的舞蹈课程很久了，但想想又放弃了。
每次有一些想法时，我的脑海中好像同时就会有很多
其他想法跑出来。它们好像在互相质问对方，结果每
次都吵得很厉害，谁也说服不了谁。

我：如果此时这些争吵的声音就坐在我们面前，你猜它们
最害怕你做出什么样的行动？

嘉俪：（停顿）也许害怕我真的去舞蹈教室报名？或者害怕我
允许自己先尝试一次？

我：很有意思的发现。当你说"允许自己"时，我注意到
你的手指轻轻动了一下。

嘉俪：（低头看手，笑）可能这个动作在替我表达渴望。其
实，我偷偷查过成人芭蕾课程，他们接受零基础学员。

我：此时你有什么新的感受？

嘉俪：我突然觉得那些争吵声变得透明了，它们只是我保护
自己的旧盔甲。其实，填写报名表只需要 10 分钟，上
一次体验课也只需要 1 小时，我为什么要把这个决定

想象成攀登珠峰呢？

我：好像你的语气比刚开始轻松些了。

嘉俪：嗯，我感觉是的。像第一次把舞鞋捧在手里的那个 12 岁小女孩又醒来了，她一直住在我心里，只是我假装忘了密码箱的号码。（眼眶湿润）是时候转动它了……（沉默）啊！我懂了，凭想象是无法搞清楚的。

我：怎么才能搞清楚呢？

嘉俪：很简单，报名上课！

是的，清晰的答案来自行动，而非空想。你永远无法只凭想象就能搞清楚！如果你想做什么，你可以去上课、去体验，进入那个领域测试一下。你的身体会比头脑更早知道答案。只要行动起来，哪怕只是一小步也没关系。

在给行动松绑的过程中，我们还需破除 3 个幻觉。

幻觉 1：我必须准备周全才能出发。

幻觉 2：别人都在匀速前进。

幻觉 3：停下来就是失败。

去问问身边的人，那些成功的人、拿到过成果的人，听听她们的故事，上面的幻觉就会不攻自破。

行动者的秘密花园也有 3 种行动处方。

第一，晨间启动：对（镜子里的）自己说"今天我要让＿＿＿＿＿发生"（哪怕只是喝够 8 杯水）。

第二，黄昏复盘：记录 3 件"让世界因你不同"的微小事实（哪怕是给流浪猫喂食）。

第三，深夜赦免：对（镜子里的）自己说"感谢你今天_____的努力"。

行动不是通往某个终点的工具，它本身就是目的地。真正的力量不在于做出惊天动地的壮举，而在于把"想过一万遍的事"变成"做过一次的事"。

那些看似微小的行动——送孩子上学时多走的那条林荫路、午休时在消防楼梯间的 5 分钟拉伸、深夜喂奶间隙听的半节行业课程，都在不动声色地重塑生命的经纬度。

所以，不必着急跑到终点，改变的力量就藏在我们摆臂的幅度里；不必苛求脚步生风，只需要把"明天再说"换成"现在试试"，走得慢真的没关系，重要的是鞋底始终贴着大地。

> 🔍 **本节思考题**
>
> - 你是否有过因为"必须准备完美"而拖延某件事的经历？如果用"微小行动"策略，你会选择从哪个 5% 的微小扰动开始？
> - 列出最近 3 次因"必须做好"而焦虑的事件，这些标准是谁制定的？如果允许自己"暂时不好"，结果会真的更糟吗？

> ● 行动本身就是目的地，你曾在哪些"无目的的坚持"中
>
> 　意外抵达了远方？

5.3　女性领导力要韧性，不要任性

当遭遇以下情境（见表 5-1）时，你的选择是什么？

表 5-1　不同情境的应对方式

情境	任性反应	韧性应对
亲子日被紧急召回公司	任孩子在会议室哭闹	递给他彩笔："画出妈妈工作中的样子"
更年期潮热突袭路演现场	强忍眩晕背诵数据	笑着调侃："让我们感受女性创业者的热忱"
董事会上被质疑"情绪化领导"	强硬回击质疑者	发起"情绪智能工作坊"

任性是本能反应，而韧性是战略选择。前者像失控的螺旋桨，看似声势浩大，却偏离航向；后者如锚定的舵，允许船身随浪起伏，却始终锁定灯塔。

正如从强硬回怼被质疑"情绪化领导"到发起"情绪智能工作坊"，这不是妥协，而是降维打击。眼泪可以是武器，但微笑才是终局筹码。

我曾服务某知名数据中心，负责公司人数最多（95% 为男性）、资产最重的一个部门的人力资源工作。部门领导是一位年长且资深的男性管理者，也是公司的元老级员工。在这样一个男性主导的部门，二把手却是一位非常干练的女性，同样在公司工作了很多年。很多实质性工作的推动，我都会跟她对接落实。正是这段经历让我目睹了女性领导者的韧性智慧。

这种业务属性的部门，人员分布广、工作时间长、工作压力大、人员层次跨度大，又需要跟诸多外部部门协作和沟通，所以给人员的管理、绩效考核、人员的保留和人才的发展提出了很多挑战。

例如，其他职能部门的人员沟通更多是在办公室面谈，或者网络电话就可以解决。我刚加入公司不久时，这位女性领导者就提醒我，跟他们部门的沟通方式可能需要做些调整，才能更好地匹配部门的文化和人员。理解她的意图后，我开始去各个城市出差，跟各部门团队管理者在现场沟通、吃饭、聊天。3 个月的走访后，当我开始推行人力资源相关的政策时，我不仅获得了一手信息，而且能站在更全面的角度制定绩效考核制度。同时，因为我成了少有亲自跑到现场去沟通的 HR，大家觉得我没有架子，也很真诚，所以在后续工作中获得了广泛的支持。她的建议让我明白：真诚的脚印胜过千份邮件。

从她身上，我也看到作为一位女性领导者刚柔并济的存在。

由于部门领导的管理风格非常硬朗且简单直接，甚至有点粗暴，因此部门的员工都有点怕他。下属被骂是家常便饭，有时也会波及她。跟随这位部门领导多年，她非常了解他的脾气秉性和管理风格，所以像架在部门领导和员工之间的重要桥梁，她常关注部门核心人员的心理状态和工作状态，确保大家的心是安定的，从而确保业务工期、进度和质量高品质完成。

试想，面对负责人的"责难"，如果这位女性领导者启动了任性模式，她可能会当场流泪控诉部门领导的冷血，然后当场宣布"不干了"。但更多时候，她开启的是韧性模式：沉默 5 秒后回应"给我半天时间，还你 2 个解决方案"，然后带领核心团队迅速投入解决方案的讨论中。

真正的力量不在于对抗时的姿态高低，而在于暴风雨中校准航向的精准度。

2023 年长江商学院发布的《中国企业家韧性指数报告》聚焦的一类人群就是女性领导者。有人可能会想当然地在女性领导者身上放很多标签，如优柔寡断、感情用事，但实际研究发现，在感性和理性的平衡上，女性领导者所占的比例更高。

什么是韧性？我想借用长江商学院副院长张晓萌的定义："韧性不是死扛，不是被动地等待让时间冲淡一切。打造韧性也不是盲目吃苦、盲目坚持，而是用科学的方法去创造热爱、去铸造意义。即使在逆境当中，即使面临很多挑战，依然有能力去发现美好，去创造美好。"

在我教练的女性高管中，她们更倾向于通过提升自我、发展自我、寻求内在成长来面对职业的转型和管理的挑战。同时，她们的发展也趋向于同一个方向。

✿ 女性领导力的发展方向——刚柔并济。

小莉：今天我想聊一聊自己的个人领导力发展，或者叫突破吧。这种突破包括内在的成长和能够做成事儿。

我：那什么对你实现目标是最重要的呢？

小莉：我觉得它是一个螺旋上升的过程，行动和反思都很重要，从而形成我的领导力风格。

我：你多次提到的个人领导力，你如何定义它？

小莉：到了我这个阶段，我在关注心理动力学和系统理论两个部分，我认为是这两个部分的结合。

我：为什么是这两个部分？

小莉：我现在带领的团队和负责的业务更加复杂了，我个人的思维习惯是在系统性上会看得多一些。同时，我越来越发现人的管理是需要花更多心思的。最近几个月，我发现我需要重点发展一个特质，我觉得叫作刚柔并济吧。

我：你心中的刚柔并济是什么？

小莉：是一种灵活性。根据具体的事情、场景、问题、时机

等采取相应的行动，有时可能是比较刚，有时又需要
柔性管理，但目标是达到理想的结果。

我：听上去你的目标很明确，那挑战是什么？

小莉：我觉得我是有这种能力的，只是有时还会把注意力放
在事情上，就会对人的部分有失察。

我：那你最需要改变的是什么？

小莉：我觉得可能就像今天的对话，它对我来说是一种提醒。
我有反思的习惯，但是坚持得不好。我需要每天有反
思的时间，这样就可以及时调整。

我：在这些提醒和反思中，最重要的是什么？

小莉：我想我的内在也要变得更柔软（笑）。

我：为什么笑？

小莉：我意识到这可能才是核心吧。一个内在不够柔软的人
是无法保持刚柔并济的状态的，她只能刻意地做，并
且需要不断地提醒。

作为一名女性领导者，小莉认识到刚柔并济的重要性。因为
任何一种单一的特质和风格已经不能完全应对复杂且模糊的工作
环境，同时也面临不同代际团队成员的互动和协作。

真正的领导力是让人心甘情愿跟随的艺术。而在实现这个目
标的过程中，女性领导者思考的出发点可能更加细腻，观察力和
同理心更强。因此，这种管理风格成了一股柔韧的力量。也正因

为如此，女性领导者反而更容易落实领导力的核心，即影响和赋能他人，激发他人的成长和发展。同时，女性也更擅长在冲突中寻找可以共赢的解决方案。

韧性领导力包含以下 3 个核心基因。

第一个基因，清醒的悲悯：从情绪共鸣到组织诊疗。

共情是女性领导者的天赋，而战略性共情是炼金术。未经驯化的共情如同野火，可能烧毁决策理性。高韧性领导者往往具备"清醒的悲悯"，既能共情团队焦虑，又能将其转化为改进动力。就像中医"以痛为腧"，痛点即治疗点，情绪风暴眼恰是组织升级的入口。

例如，当团队因项目被否而士气低迷时，任性领导可能会在晨会上哽咽"大家辛苦了"，却回避责任归属和改进方案；而韧性领导则可能投票选出 3 个"最痛领悟"并转化为风控标准化流程。

第二个基因，温柔的权威：在秩序与混沌间建立弹性规则。

最好的制度不是密不透风的墙，而是随风起伏的竹帘。从"我要证明我可以"到"我要展现我如何不同"，将生育养育中练就的多线程管理、危机预判等能力转化为组织创新基因。很多女性领导者初上任时采用男性化的领导风格，但在几年内感到精疲力竭的比例同样居高不下。

某女高管坚持"狼性管理"，在季度冲刺期取消所有病假，结果爆发集体流感，导致项目瘫痪。相反，将"狼性 OKR"改为"韧性 GROW 模型"，用编程马拉松代替日常加班，把 KPI 会议变成"成长故事会"，则是一种进化。

任性者把团队当齿轮，韧性者把齿轮组成有机体。试图用锁链固定船锚的人永远无法抵达新大陆。

第三个基因，适度示弱：将脆弱锻造成凝聚力。

适度示弱能激活团队的集体责任感，人们更愿意修复有裂缝的玉璧，而非供奉完美无瑕的瓷器。例如，某建筑事务所合伙人公开自己的设计失误，发起"错误设计馆"激发团队创新。

暴露裂缝不是妥协，而是邀请光进入的智慧。那么，如何在生活的现场修炼韧性养成呢？你可以采用以下两种方式。

1. 微观战场：建立"抗压微操"反射弧。

下次在会议中被公然质疑时，你可以先微笑说："这个视角很棒，请展开说说。"晨会开场白："今天我需要各位帮助的是……"

2. 宏观罗盘：启动"韧性罗盘"导航。

决策前的"灵魂 4 问"如下。

- 这个选择会让团队更依赖我，还是更强大？
- 如果明天离职，这个决定是否仍成立？
- 10 年后的自己会为此骄傲，还是羞愧？
- 此时的坚持是源于信念，还是惯性？

管理学大师德鲁克曾说，"时代的转变，正好符合女性的特质"。这在今天甚至未来依然适用。你看敦煌壁画中的菩萨像既有威严的法相，又有悲悯的慈眉。这正是女性领导者应有的模样：我们可能会在董事会遭遇质疑，但依然坚持自己的价值判断；我们可能会在家庭与事业间寻找平衡，但拒绝成为"完美超人"；我们可能会在岁月流逝中调整目标，但始终保有对生命的敬畏与热爱。

当我们理解"韧性不是妥协，而是更深层次的掌控"时，就会在刚柔并济中生长出超越性别的领导力。这种力量不是对抗性的征服，而是包容性的创造——像沙漠中的绿洲，既滋养自己，也为他人提供栖息之所。这或许就是女性实现自我的终极密码：在重塑世界的同时，不忘温柔地重塑自己。

🔍 本节思考题

- 你心中的女性领导力榜样是谁？她的哪些特质最打动你？
- 回忆一次你"温柔地坚持"的经历，它如何影响了事件的走向？
- 明天你可以做哪些调整，以发展你的韧性？

5.4　人生如马拉松，前半程靠天赋，后半程靠坚韧

你可能正握着皱巴巴的能量胶，小腿肌肉在抽筋边缘颤抖。前方是望不到头的赛道，身后陆续有跑友退赛。此时，你似乎突然看清了人生的镜像——3 小时前起跑时的意气风发，正如你毕业时攥着顶尖公司录用通知书的骄傲；25 公里处的稳定配速，恰似 30 岁前职场晋升的顺遂；而此时的"撞墙期"，正对应着哺乳期遭遇裁员、父亲病重、婚姻触礁的三重暴击。

女性的人生第二曲线——更年期潮热、子女叛逆、父母衰老……这些人生后半程的"陡坡"往往成为我们觉醒的契机。一位在 45 岁遭遇家庭关系瓶颈的朋友选择徒步穿越戈壁。完成比赛后，她有了新的领悟：每一步的疼痛都在提醒自己，真正的比赛从不是前半程的闪电冲刺，而是如何带着痛跑完或走完全程的艺术。

心理学家调查和研究发现，决定一个人是否成功的最重要因素不是智商，不是情商，不是人际关系，不是天赋，而是坚韧不拔的能力。

是的，人生如同马拉松，前半程靠天赋，后半程靠坚韧。女性的心理坚韧正是在无数次"撞墙"与"重启"的循环中淬炼而成，在持续的奔跑中生长出生命的韧性。

所谓心理坚韧，包含两层含义——坚和韧。坚，指的是牢

固、结实；韧，则是有韧性、不屈服。就是铁了心要做一件事情时，不管遇到什么困难挑战，不管他人如何看待，不管命运如何捉弄，都能心无旁骛、坚定前行的品质。

比"坚"更重要的是"韧"。《道德经》中写道："柔弱胜刚强。"正如柳枝虽然非常细弱，但它里面有水分，我们很难把它折断，因为它有韧性。谁的人生没有经历过泥沙俱下、鲜花与荆棘，唯有活出生命的韧性，才能积极地与生活周旋。

心理坚韧赋予我们 3 种核心能力。

一、复原力：在生活的泥沼中种睡莲。

积极心理学家彭凯平教授指出：复原力不是回归完好如初的幻象，不是"恢复原状"，而是"废墟重建"。就像骨折愈合处，骨密度更高；经历过崩溃的个体，情绪调节神经网络会更敏捷。

我记得曾经有领导这样评价我："这姑娘抗造。"我觉得这是一个非常形象的评价，不挑工作，经得起折腾，耐用，遇到困难不躲，不矫揉造作，该哭就哭，该干的活也不落下。

有的人看上去非常失败，却屡败屡战；有的人看似成功，却因为一次失败而一蹶不振。这就是复原力的重要性。

我非常喜欢的电影《当幸福来敲门》中，主人公克里斯靠推销骨质密度扫描仪为生，以此支付房租和孩子的抚养费。但是，很少有人购买他的仪器。有一天，克里斯因为付不起房租而被房东赶出了公寓，他和孩子流落街头，只能在地铁的洗手间过夜的场景让人唏嘘。但是，克里斯并没有从此一蹶不振，自暴自弃。他找机会进入金融公司当学徒，每天给潜在客户打电话，帮经理买咖啡，花比别人更多的时间学习。终于，他成了一位成功的股票经纪人。正如一颗小砂粒，无论你怎么碾压，它都不变形。

生活的泥沼里，有人沉沦，有人种出睡莲。

二、坚毅力：砂粒变珍珠的慢性魔法。

成功的关键在于对长期目标的持续热情。

日本"寿司之神"小野二郎在 95 岁时仍坚持捏寿司。这种匠人精神同样闪耀在我们身上：当职场妈妈在哺乳期坚持考取国际认证时，她不仅在简历上增添了光彩，更在女儿心中种下了"坚持"的种子。

持续微小的挑战能增厚大脑前额叶皮层，如同举铁增肌。每天做一件"轻微不适的事"（如冷水洗脸、公开表达不同意见），能锻造心理耐受力。

三、反脆弱力：在风暴中学习如何冲浪。

反脆弱力不是对抗风暴，而是像冲浪者借浪势腾空。塔勒布在《反脆弱》中揭示：真正的强者从不确定性中获益。

我曾在某医疗机构工作，那里 60% 以上的医生是女性，50%以上的院长是女性，还有 40% 的高管也是女性。当时我支持的业务单元刚刚剥离主体，准备重新建立自己的网络和体系。我们面临的最大难题是人。新的业务单元虽网络覆盖面广，但规模体量小，所以很多医生不愿意长期固定在这里工作。因此，无论对于业务的发展，还是人员的招聘、管理、绩效考核等，都提出了巨大的挑战。

这个状况似乎是死局。因为业务形态注定了医生无法在这里实现复杂的手术，只能进行常规的诊疗。时间长了，医生的技术就会下降，在学术上的发展也会受限。因此，口碑好的医生、想要发展的医生大多不愿意过来。如果不突破这个难题，这种轻体量、广覆盖的便民医疗也很难获得真正的落实。

这种状况让人崩溃。接手这条新业务线的女院长从总院临危受命，我们一起重新梳理业务形态、盘点资源，跟现有的每位医生沟通了解他们愿意留下的原因，同时开始设计全新的绩效考核模式。这番操作下来，我们有了新的发现：如果现实是我们不能改变的、医生的观念是我们难以撼动的，但仍有其他解决方案，如多劳多得的激励机制、与更多新患者互动建立关系的网络、医生的使命感和荣誉感等。慢慢地，工作推进有了起色，新的业务网络也逐步建立并完善起来。

当我们把"崩溃"视为"系统升级提醒"时，我们就能像仙人掌在干旱中进化出储水组织。

经济学有一个著名的拐点理论：任何一段上升趋势的开始，一定都是从位于最低处的某个点延伸开来的。在我们身上的体现就是触底反弹。即使有困难和挑战像海浪一样向我们涌来，它们也终将会像潮汐一样退去。

"脸书第一夫人"谢丽尔·桑德伯格（Sheryl Sandberg）曾说："我比自己以为的更脆弱，却比自己想象的更坚强。"面对人生的痛苦，我们会受伤。但是，我们也可以在自身强大的复原力下让伤口愈合。我们挺过来后，就会在某些方面更有韧性。有研究发现，经历创伤和挫折后，50% 的人都发生了至少一种积极的改变。

与其内耗，不如接受。接受现实是一切的开始，然后重新认识自己。挺过去之后，我们会对事物有不一样的认知。因为我们已经在过程中变得更强大，同时也学会了获得他人的支持。我们不必独自面对，而是建立更深层次的人际关系，找到支持者，最后找到更深刻的意义。这种意义是强烈的愿景、使命感。在一个组织里，越是相信我们的工作可以帮助他人、对社会有价值，我们在工作中就越会感受到更多的活力，并有意愿面对困难。

当 58 岁的张桂梅校长忍着全身病痛仍每天巡校，当 79 岁的叶嘉莹先生持续站立讲授诗词 3 小时，她们在用生命诠释：女性的马拉松没有终点，只有不断延伸的韧性曲线。

🔍 **本节思考题**

- 你人生中最艰难的"马拉松路段"是什么？是什么支撑你走到终点？

> - 用复原力、坚韧力、反脆弱力 3 个维度为自己打分（1 ~ 10 分）。哪项能力最薄弱？看到这个分数，你有什么发现？
> - 你正在坚持的哪件小事，可能正在默默重塑你的生命韧性？

日常修炼功课：

支棱心法——从"我期待"到"我选择"

有这样一句话深刻反映了我想表达的：我们不是活在一段人生里，而是活在一种模式里。

你可曾意识到：每一次崩溃都在揭露我们与外界的能量契约？期待父母认可的职场妈妈，实则在用童年的奖状兑换成年的价值感。等待伴侣理解的全职主妇，无异于把幸福存进了别人的情感银行。这些隐秘的能量外流让自愈变成了拆东墙补西墙的债务重组。那些让我们溃堤的往往不是具体的事件，而是期待与现实碰撞的碎片。

人们往往坚信自己追寻的东西只能从外界找到，这种寻找让你从一段关系走向另一段关系。你可能觉得被环境所"操纵"，是它们主动找上门来；你可能觉得自己别无选择，只能疲于应对生活抛来的一切，表现得像一个被动的参与者。然而，我们是自己人生经历的积极参与者和共同创造者。这样说来，被动也是一种选择，一种伪装成别无选择，而实则非常积极的选择。

当孩子没有如你期待般乖巧，当伴侣未能兑现承诺的体贴，当事业偏离预设的轨迹，我们像被抽走支点的天平，瞬间坠入"我不够好""世界辜负我"的深渊。这种崩溃的本质是被动期待与主动创造的"战争"。

本节的日常修炼功课，我会带你一起破解这个死循环：

- 每一次崩溃，都是旧有期待体系的坍塌；
- 每一次自愈，都该成为主动选择能力的觉醒。

"我期待"是暴雨中等待天晴的人——浑身湿透却不肯撑伞，只因坚信"好天气应该由老天赐予"。现在，请你回顾自己在生活中有哪些期待，并且用以下句式写下来：

我期待：孩子感恩；

我期待：客户认可；

我期待：完美的爱情；

……

你只要仔细回想，就会发现生活中充满了各种期待，它们存在于你与自己、你与他人，以及你与周围环境互动的所有关系中。

期待的背后是人们认为自己有缺失，不完整。换句话说，我们认为自己无法自给自足，大脑就会发出焦虑信号。正因为如此，我们总是会习惯性地把力量放在外在的人、事、物上。

真正的自愈从不发生在被动等待救赎的时刻，而萌发于看清一个真相：我们不是在修复破损的人生，而是在重写能量流动的方程式。

主动选择将重建我们的心理秩序。除了你，没有人能满足你的期待！这便是转化"期待"的支棱心法——从"我期待"到"我选择"。

"我选择"是雨中起舞的造虹者——承认乌云密布，却能掏出随身携带的三棱镜，让每一滴雨都折射出光的可能性。

支棱心法的转化方程式：我期待_____→ 我选择_____+ 我创造_____！

以下是一组转化示例，如表 5-2 所示。

表 5-2　转化示例

我期待	我选择（初级转化）	我创造（深度转化）
我期待孩子感恩	我选择每天发现孩子的 3 个善意举动	我创造家庭感恩日记本，每周举办"看见彼此"茶话会
我期待客户认可	我选择在方案中加入 3 个行业创新点	我创造"价值可视化"工具包，将专业度转化为可感知体验
我期待完美爱情	我选择每周参加深度社交活动	我创造"关系成长实验室"，记录每次互动的模式突破

每完成一次深度转化，我们就相当于给大脑安装"主权操作系统"。接下来，你可以像我一样先写下几条你想要转化的期待，然后模仿上面示例完成你的转化。

当你把"我期待孩子感恩"转化为"我选择创造温暖的亲子仪式"，把"我期待被认可"升级为"我选择建立自我价值坐标系"，那些曾让你千疮百孔的期待碎片就会熔铸成通往自由的钥匙。

人生没有命中注定的剧本，只有不敢落笔的创作者。支棱心法不是让你成为超人，而是让你在每一个"我选择"的瞬间听见命运退后的脚步声。

🔍 本章思考题

- 你人生中最顽固的"期待模式"是什么？
- 当你完成了从"我期待"到"我选择"的转化后，你的内在有什么感受？这个过程中，你有哪些发现？
- 本周践行"期待转化方程式"，选择一个高频期待进行转化，观察你的生活中有哪些变化？

第 6 章

拿得起，放得下，不要等

行动是治愈恐惧的良药。

——威廉·詹姆斯（William James） 美国心理学之父

想知道门外的风景是怎样的，
你只需要打开门！

人生如同一场开放性实验，唯一不变的是你自己。

许多人在 30 岁后陷入一种微妙的焦虑，仿佛前半生的选择早已凝固成标本，被钉在"来不及"的围城里。但真相是当你合上本书的刹那，就可以在现实里按下人生的重启键。那些真正获得舒展的人，都掌握着"随时开始"的魔法。这不是莽撞地推倒重来，而是清醒者的主动调频。

调频的起点永远是向内的凝视。觉察是选择的前提。在这里，每个选择都是基于清醒觉知的实验样本，我们可以穿透生活的表象，捕捉那些被忽视的渴望。也许是对艺术的向往，也许是对慢生活的憧憬，这些微光正是重塑人生的起点。

被动等待命运调频的人，终将成为时代的化石。当你放弃主动权时，每个看似无害的妥协都在改写人生剧本的走向。

真正的觉醒是建立属于自己的价值坐标系。当我们将"我想要"置于"我应该"之上时，就能听见内心的声音。那是对创造性工作的热爱，是对亲密关系的自主定义，是对自我价值的重新书写。

无论是 35 岁考研、40 岁创业，还是 50 岁重返校园，这些人生实验的背后是对自我投资的深刻认知。超越同龄人从来不是追赶世俗的成功标准，而是持续滋养内在的生命力。这种投资带来的复利不仅是职场竞争力的提升，更是面对不确定性时的从容与底气。

人生没有固定剧本，你就是导演。毕竟，真正的后悔从来都不是选错，而是连选择的勇气都典当给了犹豫。你比想象中更自由，此时就是最好的开始。

6.1　任何时候开始一场人生实验都不晚

人们为什么要做实验？

我想《荀子·儒效》中的一段文字也许可以从一个维度回答这个问题："不闻不若闻之，闻之不若见之，见之不若知之，知之不若行之。学至于行之而止矣。"意思是对于求知闻道而言，没有听到不如听得到，听得到不如看得到，看得到又不如心中理解，而心中理解不如亲身实践。唯其达到了亲身实践，学问才算达到知行合一的化境。

闻、见、知、行是从学到行的过程，而行是学的运用和最终目的。科学研究、艺术创作、发明创造的过程如此，那我们的人生呢？

35 岁之前，我人生中屈指可数的实验几乎都是在学校的实验室里完成的。如果你不是直接跳到这一章，就应该已经知道，35岁的我开始了一次人生实验。当然，那时我并没有这么定义它，因为我并非完全有意识地在用这样的视角观察自己。但实验确实开始了，而我就是这场实验的主角。

第一阶段：如果不做 HRBP，我还能做什么？

真正的人生实验从来不在计划表上，它生长在所有理性计算的裂缝里。

我在自己的 HR 生涯进入第 10 年时突然萌生了一个念头——我想分享。这个念头出来时，我自己也被吓了一跳。因为我从小到大都是别人眼中内向、不爱说话的人，我自己也是这么认为的。为什么突然有这个念头？可能是心血来潮吧，不管它！可是这个声音并没有因为我不理它而离开，反倒是越来越大声，大到我已经无法忽视它的存在了。

于是，我决定好好听听它究竟想告诉我什么。怎么听？说实话，我也不知道。但是，当我决定要倾听它时，好像就开始可以感受到更多东西了。直到有一天我做完新员工培训，又跟几位同事进行了日常的一对一沟通后，我突然意识到，我想要通过分享跟人建立更加深入的连接，想要分享我在工作中的感悟和积累，想要创造一些东西。自从这个声音开始变得清晰，我就做了一个决定——系统地参加一门教练认证课程的学习，看它能为这个声音做点什么。

接下来，我花了半年时间学习，顺利毕业，然后每天做对话练习、找客户。在这个过程中，我开始发现，原来除了做 HRBP，我还可以做一名教练、培训师，可以用对话的方式启发和赋能他人，开启人们的内在智慧。我开始喜欢上了这样的方式，我也看到了自己身上的更多可能性。

我想告诉你一个被主流叙事掩盖的真相：人生实验室里，所有试剂瓶都没有贴保质期标签。犹豫是梦想的防腐剂，准备才是行动的消声器。

第二阶段：学习告一段落，我如何学以致用？

我相信主动调频是量子跃迁，被动等待是熵增沉沦。我开始思考如何把学到的教练思维更好地运用到工作场景，如何为自己争取更多培训和分享的机会。

紧接着，我开始为自己创造各种分享会和内部培训机会，如果不能收费，那就做公益分享。同时，在原来常规的一对一沟通中，我开始融入教练思维，把原来更多提供建议和解决方案的方式改为提问和反馈，并观察其中对人的影响是什么。对自己的团队管理也改为教练式的赋能，把自己变成一位教练式的管理者。

这些尝试一方面验证了不同的沟通方式对人的影响；另一方面让我看到：如果一个人的内在和底层思维不发生改变，再多的工具和方法只会让我们陷入形式主义，因为我们的内在和语言、行为没有保持一致。所以，我们在工作和生活中感受到的是焦虑、担心、痛苦和拧巴。

这个阶段，我发现自己在企业里能做的非常有限，而我希望做得更多。我还能做什么？

第三阶段：裸辞之后，我的人生会怎样？

这期间公司业务扩张，我当时负责东南亚事业部的人力资源管理，工作越来越多，大家的注意力又回到了绩效提升和降本增效上。

我给自己请了几天假回到教练课堂上，那里是我汲取营养的地方。也正是在这个课堂上，老师的一个问题击中了我："未来10 年，你在哪儿？"当时我就做了辞职的决定，回去后毫不犹豫地递交申请、办理交接手续，然后又花了 4 万元报名学习成为认证视觉引导师的课程。

裸辞，没有找工作，也没打算找工作。凭直觉，我觉得如果能够把视觉和教练结合起来，这将是让教练思维更好地影响更多人的一种方式。说来也神奇，借由我完成视觉引导师毕业作业的契机，我为自己主动争取了一次机会。也正是在这次机会中，我认识了第一次创业的两位合伙人。我们三人一拍即合，几个月后便成立了一家借助视觉传播教练文化的教育培训公司。

第四阶段：再次主动清零自己，我还能突破什么？

未来是最好的纠偏系统，它用倒叙法赋予当下意义。3 年后的 2024 年，我决定再次清零自己，重新开始。没有了合伙人及他们的资源，我还能做什么？拒绝了合伙人新的邀请，我开始重新搭建属于自己的知识体系和课程，并且聚焦在新的细分赛道——女性成长和身心整合发展。

结束一段经历和开始创业一样艰难，有些路只能我自己走。不是为了证明什么而要突破，所有这一切背后都是我在逐渐清晰：我是谁？我做的事情有什么意义？我的人生到底有什么意义？

接下来会怎样，我不知道，我只想安住当下，尽力做好每一件我能做的事情。再回到一开始的问题：为什么我们要开展一次人生实验？

实验开始时，一定是想验证什么或看看有什么发生。但即使运用了最精密的仪器、最强大的计算机、拥有最优秀的科学家，依然会有实验误差。而实验最有意思的部分就在于不确定性。即使都是我们自己，不同的时机、状态、心态和资源都会让实验结果变得不可预知。

在实验中，我们不断学习、创新和探索。

有一部采访知名大提琴演奏家马友友的纪录片，讲述的是他在 64 岁那年开启的人生实验：他要和来自不同国家的 70 多位青年音乐家一起，在 10 天里组成临时乐队，共同演奏、聊天。马友友想做关于聆听的实验，聆听不同的人想说的话。一位音乐家因为对"人"感兴趣，认为不同的人听到的"真相"很难统一 —— 我们认识的自己是一种样子，但别人认识的我们可能是另一种样子。我是谁？世界是什么？他认为这些问题需要常常去问。抛开不同的角色，这是每个人回归自己时都会开始探索的问题。

实验是一面镜子，可以照见不同时期的自己。

自己是什么？山本耀司有一句话足以诠释："'自己'这个东西是看不见的，撞上一些别的什么，反弹回来，才会了解'自己'。所以，跟很强的东西、可怕的东西、水准很高的东西相碰撞，然后才知道'自己'是什么，这才是自我。"

还有没有第五阶段，第六阶段的实验？我想，一定会有。所谓终身成长，不过是把整个人生当作可重复验证的开放性实验。

我把我的故事总结成如何开启人生实验的配方，分享给你。

第一，望远镜思维。

下次犹豫时，试试用"望远镜思维"看未来的自己。当你想象 70 岁的自己躺在病床上回忆人生时，你的什么梦想突然变得锋利无比？还有什么是你不愿看到的遗憾？

第二，菌丝体智慧。

像真菌一样在看似无路之处生长。很多女性困在"等我准备好"的怪圈里——等孩子长大、等存款足够、等时机成熟……但人生实验的本质就是"不完美启动"。黑暗中的探索，终会连成发光的网络。

第三，熔炉哲学。

每一次尝试都是搜集信息的过程，所有经历都能转化为实验燃料。

人生没有"过期时间"，也没有太晚的开始，30 岁不是终点，40 岁不是尾声，50 岁更不是休止符，只有被预设程序中断的实验。那些在深夜里辗转反侧的渴望，那些被现实暂时掩盖的梦想，那些"我本可以"的遗憾，都在等待你按下重启键。当你把呼吸调整为探索的节奏时，每个明天都会自动生成新的实验方案。此时你捧读的这些文字不过是某个实验室的观察日志，真正的奇迹永远发生在你合上书页后的那个转身时刻。

我们体内沉睡着随时可以激活的生命力，它不询问你的年龄，只确认你的决心。

> ### 🔍 本节思考题
>
> - 你正在推迟的某个梦想，究竟在等待什么？请具体列出你预设的"完美启动条件"（如存款 ×× 万元、孩子升学、职位晋升等），此时你有什么发现？
> - 如果人生是一场实验，你正在重复哪个"无效实验"？
> - 5 年后的你会为今天哪个"未点击的提交按钮"支付最高昂的情绪利息？

6.2　停下来，向内看，从觉察到选择

几年前，我带母亲和孩子去俄罗斯旅游，为了出行方便，选

择了私家旅行的方案。这天来接我们的司机是一位非常年轻的中国姑娘，模样很酷，话也不多。

驶入高速，前往目的地时，一辆车突然超车，别了我们。没想到这位全程寡言的司机姑娘猛踩油门，追上前车，摇下车窗，破口大骂。对方加速驶离的举动彻底激怒了她。紧接着，我感受到了一股强烈的推背感，车速在众人的沉默中快速飙升至 200 千米 / 小时。

车内的空气仿佛凝固成冰，我攥紧孩子的手，用目光安抚惊慌的母亲。我不想用言语激怒司机，以免她再做出过激的行为。直到前车灵巧变道消失后，司机才不甘心地降速回归正常驾驶。抵达目的地后，我立刻向旅行社投诉。当天，这位司机被终止了服务。

这次生死时速让我亲眼看到一个被情绪控制的人如何沦为失控的提线木偶。我突然看清我们体内藏着一个隐形的驾驶舱，有人终身被"自动驾驶模式"劫持，有人却能在千钧一发时夺回方向盘。试想，如果人生就像时速 200 千米 / 小时的车无法停下，我们是否也会在惯性中冲向悬崖？

人生中哪些时刻就像一次次踩下的油门，在惯性中思考、说话、行事？又有多少次你主动地踩下刹车，而非等到情况变得一发不可收拾时才停下来？

女司机的"自动应答程序"被情绪启动，她的决策和行为也处于应答模式中，更可怕的是她甚至不知道自己何时启动了这种程序。这种"自动应答程序"就是惯性，它们就像大脑的"快捷方式"，让我们在不知不觉中重复着某些程序。

- 地铁早高峰的人潮里，你的手指正无意识地滑动短视频，任由算法投喂的信息填满通勤时间。
- 家长会上，你挂着得体的微笑附和其他妈妈的"鸡娃"计划，却忽略胃部因焦虑产生的灼烧感。
- 习惯把气愤捏成微笑表情包，用"我 OK"封印真实感受。
- 在跑步机上机械地挥臂，手机里播放着付费课程，每天去健身房用运动填补空虚。
- 一次次打开购物 App，用消费缓解焦虑，直到玄关堆满快递包裹。
- 永远先说"好的"再加班，即使自己已经超负荷。
- 看到同龄人晋升，立刻怀疑"我是不是不够好？要去学点什么"。
- 甚至在亲密关系里，你也熟练使用"我没事"作为情感隔离盾牌……

这些日常程序在人生中重复上演，直到某天系统崩溃——筋疲力尽，或任由言行产生不好的结果才停下来。也许有的人从未真正"在场"。

那么，什么时候需要启动人生的制动系统，让我们可以在惯性中停下来？

　　习惯是裹着天鹅绒的镣铐，自我觉察才是打开枷锁的密钥。没有觉察，我们只是吃饭、睡觉、上班、带娃。带着觉察，一切都是帮助我们提升自己的通道。停下来，才有机会重新审视自己和周围的环境；停下来，才是一切改变的开始。

　　哈佛大学心理学博士、情绪智力理论的最早提出者丹尼尔·戈尔曼（Daniel Goleman）指出，情绪智力包含 4 个维度：自我觉察、自我管理、社会觉察和社会管理。其中，自我觉察对人的行为改变和对他人产生影响的占比高达 9 成。由此可见，自我觉察不仅对个人成长，而且对人的行为改变和绩效提升都是非常重要且核心的影响因素。

　　一个人在没有自我觉察时，任何外界的刺激都会成为牵动的因素。看上去那位女司机在争强斗狠，实际上她已被自己的情绪控制，在不知不觉的惯性中做出自动化的反应。当时，她已经没有觉知自己是一名正在服务他人的司机，她的车后坐着 3 位乘客，她早已把别人的安全置之度外。

　　大多数人会被突如其来的变化激起情绪。觉察不是消灭情绪，让我们成为没有情绪的人。一个带着自我觉察的人知晓自己正在被情绪困扰，甚至可以分辨是怎样的情绪，进而对自己喊停。停下来是自我觉察最重要的能力，它是对惯性和自动化反应的打断。

　　一旦有了喊停的意识，即使是电光石火的瞬间，也会在我们的意识中创造一个空间。有了空间，就有了选择。女司机可以选择继续斗狠超车，或回归职责。同样是超车，两者有什么区别？一个是我知道我在斗气，另一个是我不知道我在斗气。就像我们在对另一个人生气时，发脾气是自己的手段，还是自己真的被激怒了？

我们在一生的大部分时间里，面对自己认为的挑战和压力时，会本能地启动内在的自动化模式。因此，有人"战"，有人"逃"。

只要被自动化模式控制，你就会深陷其中，却完全没有体会它强加在你身上的力量。你只是本能地反应，却从未想过为什么要这样做，就像机器人、复读机一遍又一遍地重复着相同的模式。

我们该如何摆脱惯性和本能的束缚，换一种新的生活方式，从而让自己过上幸福而清醒的人生呢？

女性有更强的感知力，所以一方面更容易感受美好，另一方面也常被情绪困扰。走出自动巡航，进入自我觉察的模式，需要勇气，也需要练习。它要求我们敢于从关注外界的事物转向关注内心。

觉察是黑夜中的萤火虫，微光所致皆是觉醒的疆域。虽然每个人的自我觉察程度不同，但它就像我们头脑中一块看不见的肌肉，如果经常关照它、锻炼它，那么觉察的肌肉就会变得越来越发达。

心理学家卡尔·吉斯塔夫·荣格（Carl Gustav Jung）说："向外张望的人在做梦，向内审视的人才清醒。"自我觉察就是不断向内审视的唯一路径。没有觉察的人沉浸在自己的世界里，感知不到他人和周围的环境，自然也就没有能力做出相应的调整和改变。

惯性背后往往隐藏着隐秘的信念。例如，他是故意的，而这种故意等于对我的无视；拒绝会破坏关系；我的需求不重要；等等。

现在你已经有意识要停下来，提醒自己不要采用惯常的方式回应。每天从家到公司，你是不是都数十年如一日地走同一条路、坐同一趟车？你可以体验一下换上班路线或者交通方式，体验打破习惯的感受。同样，面对一个熟悉的工作、惯用的沟通方式、常用的思路，如果你有意识地做些调整，会怎样呢？

重构选择的前提是重新审视内心，请你尝试回答以下 4 个问题。

- 我为什么会做出这样的反应？
- 此时我的真实感受是什么？
- 我应该如何表达我内心的这种感受？
- 除了第一时间的念头，我还有什么选择？

有意识地培养与自己对话、聆听内在的声音。当它们变得越来越清晰时，被动应对就会逐渐变成主动选择，我们也终将获得一种新的力量。无论外部世界发生什么，我都有 3 种以上的方式回应。每个"我的选择"都是平行宇宙的邀请函，拒绝入场亦是某种抵达。

在一系列主动"停下来—向内看—从觉察到选择"的练习中，我们会获得来自内心的解放和自由。

停下来观察自己，倾听自己内心的声音。通过呼吸练习或者冥想练习，抑或是与自己相处，我学会了在说话前先停顿，清晰自己的意图再开口。在停顿的时间里，只要发现与内心真实的声音不一致，我马上意识到自己可能陷入了旧有模式。与此同时，我的身体也会感受到紧张。这都是惯性回来的迹象。

现在我有能力停下来，默默地对自己说："哈哈，老朋友又来了！"然后带着觉察的意识审视它。

不让自己被惯性控制，是我们给自己的最大礼物，也是我们获得的真正的自由。

我知道这并不容易，它需要你有足够的勇气，但这是无法避免的，就像我们学习任何一项技能都需要反复练习一样。值得庆幸的是，我们身上有一股隐藏的决断力，它赋予我们勇气和决心。既然你已经读到了这里，证明你已经在自我成长的道路上迈出了很多步。

惯性是温柔的陷阱，用熟悉的舒适感掩盖自由的可能。当你开始觉察每一次"不得不"背后的"我选择"，就像在密林中发现了岔路口，虽然未知，但充满生机。

从今天起，留意每一次呼吸，每一个下意识的反应，每一声内心的低语。你会发现，那个被惯性掩盖的自我从未离开。她一直在等待，等待你停下脚步，牵起她的手，走向属于自己的人生旷野。正如完形心理学家皮尔斯所说："觉察力犹如煤炭，闪光源于自身的燃烧，同时内省折射出的光芒，犹如闪电照耀四方。"

清醒地活着，就启动了意识进化的引擎。那次在莫斯科公路上的生死时速教会我：人生最珍贵的超能力不是永远正确，而是随时可以优雅地踩下刹车，摇下车窗，对惯性说"就送到这里吧"。

🔍 **本节思考题**

- 此时你的"自动驾驶模式"正在执行哪个程序？
- 如果这个惯性反应是一位老朋友，它真正想保护你免受什么伤害？
- 带着觉察，你有了什么新选择？

6.3　不主动调频，就会被调频

深夜的电话铃急促响起，朋友小王的声音裹着无奈与焦急："江湖救急，这事儿又找上我了。"这个"事儿"是职场人士最熟悉的寄生兽——他人甩来的责任、越界的期待、无声的感情牌。当她不知道第几次为同事收拾没人接管的摊子时，我似乎感受到她在某种临界点震荡。

作为同一个项目的成员，听她描述了具体的情况，我直言："我可以帮这个忙，但是顺序错了。找我的人不应该是你，而是项目负责人。"

电话那头的呼吸声陡然沉重："你说得对。负责人早就知情，却迟迟没有回应，同事都跑来催我。我反复强调这不归我管……"她顿了一下，"可你知道吗？以前类似的情况，我也不是没帮过忙，但最后呢？帮忙变成了我的事情，没有经济回报，甚至连感谢都没有，我心里能不生气吗？其实，就是一句话的事儿，我也不是不愿意帮忙，但他们之间的沟通障碍，最后都扔给我。"

"问题不在他们，而在你。这是两件事，你混在一起了！"我的话音落下，电话那头传来 3 秒真空般的沉默。然后，小王轻声回应："是的，我明白你的意思，确实是我的问题。我总是说不管，但最后都管了。哎，这次我必须改变。"

问题出在哪儿？

小王的困境早已注定——她的回应方式已经决定了她被"拿捏"的命运。嘴上说着"不管"，身体却诚实地四处灭火：给我打电话，给项目组其他人打电话，甚至自己也做好了顶上的准备。这种半推半就的姿态分明是在释放"有我兜底"的信号。我能感受到小王内心的纠结与挣扎，那些道理，她都懂，可就是做不到。她说："我想听听你的建议。"

我说："如果是我，我会直接找到项目负责人，坦诚地表达我的真实想法。就这么简单！我没有义务为别人的事情负责。你的纠结，别人感受不到，也理解不了。这次不说，下次怎么办？

电话那头，小王叹了口气："你说得对，我想想。"

谁痛苦，谁改变！当委屈冲破阈值，调频时刻自会降临。职场中大部分离职源于责任错位，亲密关系里的很多破裂始于边界溃散。我们总在讨好与自毁间走钢丝，却忘了不主动调频，就会被调频。当痛苦积累到一定程度时，改变自会发生。这中间差了一个"我"的距离。

我们往往容易压抑或忽视自己的真实想法、需求和情绪，而过分重视外界的看法。似乎这样做就能避免冲突，减少不和谐。

曾几何时，"第一印象让人感觉有距离"是我在职场中最不喜欢的评价。每当听到这样的反馈，我总是急于辩解，试图证明那不是真实的我。但当我意识到他人眼中的我只是其认知系统的投射时，我释然了。那就是别人眼中的我，与真实的我无关。

当我开始捍卫自己的频率，拒绝无关反馈、关闭冗余社群、在会议中打断车轱辘发言时，世界反而馈以敬畏。越是尊重自己的声音、展现自己的边界和态度，我们就越容易被人评价。当我从以前的隐忍到后来真实的表达，这个过程中很多人都惊讶于我的转变。

我们这辈子都在努力成为别人眼中的自己，表现得乖巧、听话、顺从、过得很好，生怕自己成为别人眼中不好的人。所以，这些人完全知道我们的软肋在哪里。如果我们仍然放不下别人眼中"老好人""好女人""知心姐姐"的形象，那么当我们遭到甚至想象遭到别人的否定时，内心就会产生巨大的波澜。我们的内心明明有一个清晰的声音，但说出口的却是另一套话。我们担心别人因此"不喜欢"我们，破坏了所谓的关系。

调频的本质是主权宣示。你可能听过"不要把猴子背在自己背上"的管理智慧，当同事试图往你背上甩"猴子"（问题）时，微笑着将它放回丛林；当会议陷入扯皮漩涡时，起身关掉投影仪，让我们回到问题的起点——用户究竟需要什么？同样，在教练对话和生活中，我也不会把客户的问题变成我的问题；面对伴侣的情感绑架，戴上降噪耳机播放专属 BGM（背景音乐），此时我需要进入精神静默区；对"为你好"的入侵者微笑着说："感谢你的建议，我的系统暂不兼容此插件。"这种看似"冷漠"的背后需要巨大的勇气，而这样做的时候就是在主动调频。

你有过这样合唱的经验吗？稍不留神就会出现要么你跟着别人的歌词跑了，要么别人跟着你的歌词跑了。最完美的情况则是你们各自唱着自己的歌词，该合的时候完美契合。在这个过程中，你需要足够专注在自己的歌词上，才能确保不会被别人带跑。这种专注和保持就是你的频率。

主动调频，并不意味着推卸责任或冷漠无情。相反，它是在告诉他人要对自己负责。因为每个人都要对自己的人生负责。如果你体验过"被别人牵着鼻子走"的痛苦，就会知道找到自己的频率、回归自己的频率，才能让自己获得自由。

我曾坠入亲密关系的"调频陷阱"，对方曾试图用各种方式激怒我。是的，它奏效了！当一个人用我的软肋与我互动，而我掉入了这种你来我往的循环时，当我太在意维护所谓的形象、外界的看法时，我的频率就被控制在别人手中。他的频率急促，我也被带入了这种刺耳的轨道。直到某天我猛然清醒，意识到如果再这样下去，我将面目全非，成为自己讨厌的人。于是，我开始重新审视自己的需求和声音，重启属于自己的频率。当我这样做时，我的世界也变得安静了，那些刺耳的声音逐渐减弱。我知道这是正确的选择。

问题从来不在别人身上，改变的力量就在我们自己心中。我们越是敢于面对痛苦的过往、承认自己的不足，就越有能力超越它们。只有你才能真正满足你自己。

去认真地审视那些让你产生情绪的事件和情境吧。在那些事件的背后，隐藏着哪些未能满足的渴望和情感？例如，你因为伴侣没有拍出理想的照片而生气，只是因为照片本身吗？还是你隐藏了对方是否爱你的疑问？孩子不再像小时候那样听话，是否让你体验到了失控感？明明不想，却还是一次又一次答应了他人的要求？知道不对，但为了维护关系还是会压抑自己的想法？

把这些让你感受到"跑偏"的事件列出来，找一个安静的时间面对自己。

- 在这件事 / 这段关系中，我的需求是什么？
- 在这件事 / 这段关系中，我的感受是什么？
- 我现在的回应方式是否满足我内心真实的需求？
- 如果不是，我会如何调整？

当我开始主动调频时，生活发生了微妙的变化。如果有人问我："Annie，我听到一些关于你的反馈，你要不要听？"我会问："让我开心的，还是不开心的？"如果是不开心的，我会直接拒绝："那就别说了！"以前，我可能会为了表现谦逊而听每一个人的反馈；但现在，我可以自主地选择在什么时间、用何种方式、听谁给我反馈。我不会让别人的声音干扰我的内在频率，这就是主动调频的力量。

用"这是你的观点"替代"你说得对"，用"3 天后回复"冷却即时反应，将"你应该"反弹为"我需要"，主动退出或关闭不需要的微信社群，有选择地参与学习和讨论等，也都是在主动释放自己的意识空间，进行调频。

主动调频不仅可以遵从自己的内心、言行一致，还能在沟通中更好地达成共识。以下是两种在日常沟通中的调频方法。

第一种，上堆法，即通过总结归纳，提炼话题的核心要点，让对话更加精炼和聚焦。

有的人说话比较散，逻辑和条理不够严谨，没有重点。如果跟随这样的说话频率，可能会让你感到注意力难以集中、效率受到影响、时间难以把控等。这时，你可以尝试用上堆法主动调频，挖掘对方的内在动机和意图。例如，你说的这件事的核心是什么？你希望通过这件事达成的目标是什么？你最希望如何做这件事？你最想得到的支持是什么？

第二种，下切法， 即通过细节和感受，赋予事情更多细节和体验，让话题更加具象。

有的人说话喜欢提纲挈领，常用概括性的语言描述，甚至用一句话的评论描述整个事件。例如，前文小王的例子：这事儿以前就发生过，这次又来了，他们有完没完？如果跟随她的频率，我可能也会陷入评判和指责中。这时我可以尝试用下切法了解更多细节，"上次和这次有什么不同？""如果是一样的事情，为什么你会让它重演？""你认为他们为什么每次都找你？"

所有方法的背后，都是关于"我"的觉醒。如果我们失去了对真实"我"的关注，就永远无法绽放本心，更无法成为内在觉醒的成年人。

从今天起，留意每一次被外界牵动的情绪、每一声"应该"的低语、每一个想要妥协的瞬间，你会发现那个真正的自己从未被定义——她一直在等待，等待你夺回调频权，奏响属于自己的生命之歌。

🔍 **本节思考题**

- 你了解自己的内在频率吗？它是怎样的？
- 你保持自己的频率不受干扰的方法是什么？
- "上堆"法和"下切"法对你的启发是什么？

6.4　投资自己才是超越同龄人的唯一捷径

你可曾陷入这样的困局：在职场跋涉数载，却仍在环形跑道徘徊；目睹同期入行者接连突破职业天花板，唯独自己的指南针始终校准不到成长坐标？又或者，当命运递来可能重塑事业版图的邀请函时，你却选择了躺在舒适区的温床上任其过期？在林立的写字楼群中，藏着令人窒息的职场魔咒：很多上班族在入职第 5 年进入"职业鬼打墙"——薪资停止、技能板结、认知时差等。

这些叩问最终都汇聚成终极命题：我们是否真正懂得如何投资自己？

为什么大多数人不善于投资自己？认知心理学揭示，人类天生具有"即时满足"的倾向。有实验显示，当面临即时可得的小额奖励和需要等待的大额回报时，超过七成参与者选择前者。这解释了为什么人们愿意每月花费数千元享乐，却对同等价位的职业认证课程再三犹豫。

一位朋友告诉我："每次年终奖到账，我都想给自己报个课程提升一下，但最后总被旅行基金和奢侈品消费占据了预算。3年过去，部门里"90后"都开始带团队了，我还是基层主管。"

这种现象在心理学上被称为"近因效应"——人们倾向于高估短期回报，而低估长期收益。

提到"投资自己"，你是不是马上想到：这要花很多钱吧？作为普通人，我们既没有很多钱投资，也没有父母的帮助，怎么才能投资呢？这样看来，问题似乎又回到了原点。

中年危机的本质是把人生押注在会贬值的资产上，无论是婚姻、职位，还是陈旧的经验。婚姻可能解体，公司可能倒闭，容颜必然老去，唯有投资给自己的时间、长在骨子里的认知、刻进肌肉记忆的技能，才是永不贬值的硬通货。

人生最大的复利曲线是用认知撬动时间，而非用时间兑换纸币。当你在深夜刷着同龄人的精致生活朋友圈时，有人正将通勤地铁化为移动课堂；当你在焦虑35岁危机时，有人已用10年深耕把自己炼成行业硬通货。这世上从没有突如其来的逆袭，所有超越都是蓄谋已久的绽放。终有一天，你会明白：投资自己才是超越同龄人的唯一捷径。

其实，很多人忽略了一点：普通人最能够抓住的是时间，金钱只是时间的加速器。

就像学习化妆，你可能关注了很多美妆博主，每一条视频都看了，也都收藏了，但依然没有学会化妆，是因为你没有花时间练习。只要你愿意投入时间练习，一周化不好，半个月行不行？半年行不行？只要投入时间，你一定可以做到。如今自媒体上有很多资源并不需要花很多钱，甚至是免费的，你需要的只是投入时间。

所以，投资自己的第一点，真正的筹码不是金钱，而是时间。我们都是时间商人，都在经营同一种商品，叫作"时间"。

我国新生代网球选手郑钦文就是对自己狠狠投入时间的女性。2010 年，她 8 岁时跟随老师练习基本功，别人一组 20 个球，她会偷偷加练到 30 个，训练结束后还缠着问教练自己该怎么提高。后来，她从武汉到北京，再后来跟着外籍教练接受训练，当时的训练量都很大。本以为她会喊累，没想到她甚至还觉得不够。她曾说："我不怕苦，只怕自己不够努力。"正是这种对时间的狠投入让她在技术上不断突破，一路过关斩将，最终登上了冠军的领奖台。

有一项对 5000 名职场人士的跟踪调查显示，持续投资自我学习的人，10 年后的收入大大高出比同期入职但停止学习的人。投资自己就像复利，那些看不见的积累终会显现。

投资自己的第二点，就是在一段时间里死磕一件事情。真正厉害的人不会急于求成，他们明白时间的力量，愿意投入大量时间深耕细作。

我发现，我的两位创业搭档都是在各自的领域深耕十年以上的长期主义者。在我们从事的领域，现在提到商业教练、内在成长或疗愈师，可能有人听说过。但 10 年前，它们都是还未被定义的职业，了解的人寥寥无几。但她们因为热爱和相信，一直默默地坚守，从未放弃。也正因为这样的死磕精神，她们都在各自的领域里成了代表人物。

少有人可以投入 10 年做一件事情，但你可以给自己预设一段时间，然后在这段时间里认真完成一件事情。有些人在一个岗位工作 2 ～ 3 个月就离开了，薪资、领导、人际关系等都会成为离开的理由。频繁地跳槽，或者一个项目都没有完成就离开了，他们根本没有时间理解和吸收这段经历，拿着零零散散的简历就去面试。对于 HR 来说，连一份完整的工作经历都没有的人太不稳定了，他们几乎不会被录用。

所以，在一件事情上持续努力，才能够慢慢形成复利，才有机会像滚雪球一样越滚越大。成功从来不是偶然，将时间持续投入自己认为有价值的事情上，时间从不辜负极致聚焦者，它会把每滴汗水铸成破壁的子弹。

投资自己的第三点，就是投资认知。这也是我认为最重要的一点。

电影《教父》中有这样一句台词："在一秒钟内看到本质的人和花半辈子也看不清一件事的本质的人，自然是不一样的命运。"决定成就上限的，其实从来不是出身或者运气，而是洞悉事物本质的能力，也就是认知。

有人用通勤时间刷短视频，把大脑泡在信息糖水里；有人戴着耳机听行业播客，将地铁车厢炼成移动商学院——认知的沟壑在日复一日的选择里裂成天堑。

有人把育儿焦虑倒进深夜购物车，用包裹填补空虚；有人把妈妈群吐槽写成"情绪白皮书"，转身成为亲子咨询师——同样24 小时，有人活成待机模式，有人按下认知快进键。

有人看见健身房只想到减肥，咬牙打卡后奖励奶茶炸鸡；有人看穿运动是重塑大脑神经回路的秘密，用波比跳激活多巴胺生产力——当身体在跑步机上消耗卡路里，高手正用认知升级制造能量永动机。

有人把中年危机看作人生塌方，在医美和鸡汤里寻找救命绳；有人把更年期荷尔蒙波动视为数据金矿，创立女性健康管理App——时间从未偏袒任何人，但高认知者总能把皱纹刻成智慧的年轮。

我很喜欢的一部英国纪录片《人生七年》，记录了 14 个孩子从 7 岁到 63 岁的人生切片，其中有人困在出生的认知茧房，有人则撕开了阶层铁幕。

那个最终逆袭的农场男孩尼克与其他孩子的分水岭早在少年时期就已显现：当工人家庭的孩子讨论"存钱买摩托"时，他已在观察土壤结构，思考"如何改良农作物产量"；当贵族子弟按部就班地进入伊顿公学时，他带着《物种起源》，蹲在田埂验证生物进化论。

这部纪录片让我看到了两个真相。

1. 你以为的天花板，不过是认知的窗户纸。

多数人重复父辈的生存程式：工人之子进车间，农夫后代守麦田，精英孩子玩转资本游戏。不是命运不公，而是他们从未突破原生环境浇筑的思维。

2. 用战略勤奋碾压战术拼命。

逆袭者从不用"每天工作 16 小时"自我感动，而是把 80%的精力用于构建认知杠杆：尼克用农业化学知识提升土地产出效益，比邻居多收 3 倍粮食的钱，直接买断了阶级跃迁的入场券。

投资认知从来不是买书、报课的消费主义，而是给自己安装"本质透视镜"：当别人困在问题的迷宫时，你已站在未来 10 年的瞭望塔上，手握破局的密钥。这才是最狠的自我投资，它让肉身凡胎长出穿越时空的羽翼。

当你开始用认知破局时，那些曾困扰你的"年龄焦虑""母职绑架""职场歧视"都将成为垫脚石。

超越同龄人从来不是目的，而是持续自我投资的必然结果。当你把人生视为一家持续迭代的科技公司时，每个年龄段的"危机"都会变成最新一轮融资路演，而你自己永远是估值最高的那个独角兽。这就是普通人逆袭的心法。

那些在深夜里播种的认知种子，终将破土成林；那些在时间账户定投的技能资本，必将复利成山。人生最伟大的投资是让自己成为不断增值的艺术品。

> 🔍 **本节思考题**
>
> - 如果评估以上 3 个维度的投资，你在哪里的"投资"更多？哪里的"投资"较少？这个发现对你有哪些启发？
> - 在你目前面临的挑战中，运用今天的收获，你有哪些不同的认知？
> - 5 年后的你会为此时的哪项投资热泪盈眶？

日常修炼功课：
决策 4 问，做不后悔的决定

我们每天都在面临选择，但总有一些被搁置的计划、被推掉的机会和被放弃的方案，最终都化作了眼角细纹里蛰伏的遗憾。

我曾经看过一个网上的数据：约 8 成以上的受访者在 35 岁以后对人生重大选择心存悔意。这背后折射出我们的决策困境。

- 完美主义陷阱：试图在所有角色中拿满分，最终在"好妈妈""好员工""好妻子"的期待中耗尽决策能量。
- 情感负债心理：将家庭需求前置，用"等孩子上大学""等房贷还清"无限推迟自我投资。
- 社会时钟压迫：在"35 岁职场分水岭""最佳生育年龄"的倒计时中仓促落子。

当我意识到传统决策模型无法破解女性特有的选择困境时，结合肯·威尔伯的四象限理论，我设计了决策 4 问，希望在纷繁复杂的选项中为你凿出一条清醒之路。

在正式进入决策 4 问之前，我想有必要简单介绍一下什么是肯·威尔伯的四象限理论。你理解了这个理论背后的深意，就可以试着用它设计出各个场景下的决策工具。

整合心理学大师肯·威尔伯将人生决策解构为 4 个维度：个体内在（价值观、意义感）、个体外在（行为、健康）、集体内在（关系、文化）和集体外在（系统、环境）。就像人生导航仪的 4 个坐标轴，它教会我们真正清醒的决策需要平衡自我与外界、个体与系统的关系。我们容易被困在单一维度（如过度考虑他人的期待），而四象限工具能打破思维茧房，让每个选择兼顾内心需求与时代机遇。

接下来，让我们跳过抽象的理论，进入决策 4 问。

为了更好地体验决策 4 问的力量，请带着一个真实的议题进入，然后认真回答以下每一个问题。或许有些问题你还没有清晰的答案，但在你被问题击中的瞬间，请留意身体的感受，它同样会给你指引。

第 1 问、内在真相：这个决定能否滋养我的生命底色？

（个体内在象限：意识、价值观、意义感）

职场母亲 Linda 正在纠结是重返职场，还是全职带娃？她从"内在真相"切入。

- **内在真相**：写下"自由创造者""终身学习者""联结赋能者"等核心价值词。

要回答什么是你的生命底色，你可能需要一些方法，比如：

1. 列出 10 个最珍视的价值观关键词（如自由、成长、联结、安全、创造等）；

2. 用能量值标注每个选择与关键词的契合度。

当 Linda 写下自己的内在真相——"自由创造者""终身学习者"等核心价值词时，她突然发现好像选项不只 A 或 B，投入哪个角色都可以有所收获，甚至可以把全职妈妈作为自己的新职业，成为母婴博主。

但此时，这个想法还不够清晰，让我们继续往下走。

第 2 问，外在显化：我的身体与行动能否支撑这个选择？

（个体外在象限：行为、健康、物质基础）

- **外部干扰**：母亲说"女人要以家庭为重"，闺蜜劝"别浪费职场黄金期"。

让我们一起用现实校准器帮助 Linda 检验她的想法。

- 如果成为母婴博主，我的睡眠质量、心理状态能否保持在健康的状态？

- 为了保持这样的状态，我需要投入的时间、精力、金钱的投入产出比如何？

- 我是否具备开启这个新职业身份的物质条件？

当 Linda 写下以上问题的关键词时，她发现自己已具备最小可行性启动条件：在家期间从未落下瑜伽锻炼；一边带孩子，一边学习的线上课程证书；家庭保姆支持每日 3 小时。这个想法似乎可以实现，我们继续往下走。

第 3 问：关系镜像：这个选择会重构哪些生命联结？能否转为"共生"或"增值"？

（集体内在象限：文化、关系、共同意义）

Linda 坐在书桌前，准备为这个潜在的想法绘制一张"关系能量图"，帮助她梳理在这个维度的影响。

- 绘制现有人际网络的能量流动方向。
- 标注"情感吸血鬼"与"能量补给站"。
- 用不同颜色标记需要升级、维持、切断的关系。
- 建立"意义共同体"孵化计划。

很快，Linda 发现传统的"牺牲式育儿"正在损耗关系资本，自己可以与母亲、婆婆建立新型母女同盟，与先生协商合作育儿；同时，自己也可以在小区的"妈妈社群"找到有意向合作的全职妈妈一起创业。

此时，这个想法已经越来越清晰，让我们和 Linda 一起完成最后一个维度的问题吧。

第 4 问，系统博弈：环境会如何塑造选择的轨迹？

（集体外在象限：社会系统、制度、生态环境）

给自己一段时间，带着"我已经做了这个决定"的状态进行一次环境扫描。

- 关注母婴领域"大 V"博主的社交媒体和成功经验。
- 用 AI 和可视化工具追踪自己想要从事的细分领域的相关政策、热门话题等。
- 分析自己在行业食物链中的生态位。

经过一个月的集中式观察和实践，Linda 发现有很多跟自己处境相似的职场妈妈都在面临相同的挑战，如果她可以从自己、社区和私域做起，不仅可以兼顾自己的需求、陪伴孩子的需求，还可以支持更多的职场妈妈。

当 Linda 完成四象限评估，用 4 个决策问题梳理了以前头脑中乱作一团的思绪时，重返职场还是全职妈妈的选择题变成了创业计划书的第一页。她在儿童房安装雾化玻璃，白天是共享办公空间，夜晚回归亲子时光。那些曾割裂的"自我""母亲""职场人"身份，在决策 4 问中融合成流动的生命态。

决策不是单选题，而是四象限的协奏曲——价值观是旋律，行动力是节奏，关系网是和声，时代趋势是配乐。

真正的"不后悔"从不是追求完美答案，而是让四象限在动态平衡中奏响生命交响曲。所谓不后悔的决定，不过是让每个象限的星光都能照亮生命的棱镜。当你用四象限透视自己的选择题时，那些曾困住你的"不得不"都会裂变成"无限可能"。

第 7 章

谁能让你幸福，谁就能让你迷失

━━━━━·❀·━━━━━

未经省察的人生不值得过。

————苏格拉底（Socrates） 古希腊哲学家

什么才是你如如不动的核心？

亲爱的，你是否曾在深夜反复点开某个对话框，等待一句"晚安"才能安心入睡？是否为了迎合他人的期待，将内心的棱角磨得血肉模糊？那些让你心跳加速的人，往往也是蒙蔽双眼的迷雾。你以为的"命中注定"，可能是灵魂迷航的起点；你渴望的"被拯救"，或许正将你推向更深的漩涡。也许你早已习惯将人生遥控器交到他人手中——小时候是拿着戒尺的母亲，青春期是刻薄挑剔的班主任，婚后是丈夫衬衫上的褶皱，现在又变成了青春期女儿阴晴不定的脸色。

这不是你第一次在深夜拷问自己：为什么我们总像候鸟追逐季节般追逐他人的认可？当你在会议室主动咽下不同意见时，当你在家庭聚会上强颜欢笑时，当你把健身计划无限期推迟时，那个真实的自己正在记忆深处慢慢褪色。

我们天生擅长共情，却也在过度共情中模糊了自我与他人的边界。那些"你应该"的规训，像无形的丝线将我们缝制成他人生活的精美刺绣。

是时候剪断这些线了。建立"我本位"的内心秩序不是自私的宣言，而是生存的底线、觉醒的仪式。你会发现真正的安全感不是被所有人认可，而是拥有不被任何人动摇的内在坐标系。想象自己是一棵树，若总将根系缠绕在别人的土壤里，风雨来时便会连根拔起。你需要在自己的土地上扎根，哪怕暂时孤独，也能长出年轮清晰的形状。那些总想替你决定"该往里生长"的声音，往往带着温柔的毒——他们爱你，却更爱控制你的快感。

那个在婚姻登记处含泪签字的女孩不会想到，20 年后她会为了维系婚姻完整而容忍；那个在产房发誓要做满分母亲的少妇不曾预料，过度付出最终会变成勒索亲情的绳索。所有试图改变他人的努力，本质上都是对自我的暴力拆迁——我们拆毁自己的边界去扩建他人的领地，最终却让自己在精神上流离失所。

接下来的旅程，我们要进行一场温柔的自我改变。你会看见那些被"贤妻良母"勋章掩盖的生命折痕，触摸到"善解人意"面具下的真实表情，最重要的是你将重新听见内心深处那个被压抑多年的声音，它或许嘶哑，或许颤抖，但那是专属于你的生命原初的韵律。

准备好你的航海日志吧！从今天起，你不再是被浪潮推搡的漂流瓶，而是手握罗盘的领航员。因为真正的自由始于承认一个简单而震撼的真相：所有通向幸福的航线，起点都刻着你的名字。

在生命的航程中，你才是自己的灯塔。

7.1　启动"我本位"，才能建立自己的内心秩序

❀ 当所有角色都在旋转时，请先成为自己的离心力。

我：接下来的 30 分钟，你最希望聚焦在哪个能带来改变的议题上？

林夕：我感觉现在的生活像失控的洗衣机，所有角色都在疯狂旋转，其实我有点乱。

我：这台洗衣机是怎么失控的呢？

林夕：我也不知道。上周女儿问我："妈妈的梦想是什么？"我发现自己没有答案（沉默）。

我：感受到此时你有一些情绪，是什么？

林夕：说实话，有点窒息，就像被装进真空收纳袋。孩子小升初；母亲年纪大了，记忆力在衰退；丈夫的创业也不顺利。所有问题都在抽走我身体里的空气。

我：那你最需要的是什么？

林夕：我？（沉默）好像没有时间想这个问题。上周我去体检发现有乳腺结节，我的第一反应是不能耽误送孩子上英语课外班（笑，沉默）。

我：我注意到刚才你有几次沉默，那是什么？

林夕：我好像很久没感受自己需要什么了，哪怕工作时好

像也只是在过一份生活。刚才的沉默里，我居然听到
了自己的心跳。

我：你的心在告诉你什么？

林夕：嗯，它好像在提醒我，告诉我想休息时就休息一下。

我：如果你愿意，在我们对话的这段时间里，你可以暂时
摘下妻子、母亲、女儿的面具。

林夕：嗯。

我：现在你是谁？

林夕：我就是我啊。

我：这一刻的你再回到一开始的议题：关于改变，你有什
么新的发现？

林夕：嗯，如果每个人都有一条属于自己的路要走，我发现
好像这么多年自己都走在别人的路上。也许应该看看
自己的路在哪里，它会把我指向何方。如果我一直这
么忙忙碌碌地走下去，真不敢想象我会怎样。

我：怎样才能看见自己这条路呢？

林夕：嗯，我觉得我要回到自己的位置，不断看自己在哪里，
先照顾好自己，再关注他人。

林夕的困境不是特例，而是当代女性的集体镜像。我们像技
艺高超的杂技演员在"职场精英""完美母亲""孝顺女儿"的角
色间抛接彩球，却忘了舞台灯光从未真正照亮过自己的脸庞。我

们是天生的"关系建筑师"，却也在过度建造他人的宫殿时让自己的灵魂栖息在临时帐篷里。我们误以为自己是维系世界运转的燃料，却忘了火焰若失去灯芯，终将化作灼伤所有人的野火。

"我本位"是通过持续自我觉察，将生命决策权从外部评价系统收归内在价值系统的过程。如同 GPS 导航必须首先确认"你的位置"，我们要实现自我成长，就必须确立"我"作为所有人生选择的起搏器。

当林夕在体检报告和女儿课表间选择优先处理后者时，她遵循的是"他本位"导航系统。而当她决定先预约乳腺复查后协调课外班接送时，便是启动了"我本位"的初始程序。

"我本位"不是自私的盾牌，而是清醒的自我定位系统。就像地球在自转与公转间保持精准平衡，它要求我们以自我需求为轴心，同时协调多重社会角色。它包含以下 3 个核心维度。

- 自我觉察：清醒认知"我是谁""我需要什么"（区别于"他人期待我是谁"）。

- 需求排序：将"自我需求"纳入决策权重体系，而非自动让渡给他人。

- 能量守恒：建立"自我能量账户"，确保给予他人的同时持续自我充电。

当我们在机场试图用他人的登机牌通过安检时，只会引发系统警报。同样，用"好妻子""好妈妈"的角色代码运行我们的人生程序，必然导致内在系统的崩溃。

"我本位"是我们建立内心秩序的核心。你不需要为所有人的舒适买单，就像机场不会为每架飞机调整跑道。混乱的内心如同没有稳定结构的建筑，任何外界压力都可能导致其坍塌。因此，建立内心秩序的本质如下。

- 创建精神避风港：当母亲住院、孩子叛逆、职场动荡时，你仍有能量自洽的锚点。

- 培育决策根系：在角色冲突中，稳定的内在系统能避免认知泥石流。

- 守护成长火种：那些被精心保护的本真需求，终将在时机成熟时点燃人生第二曲线。

怎样从"自动驾驶"到"手动挡人生"呢？我们可以通过以下 3 个破局问题实现转变。

第一，如果删除一个"必须"，哪个"必须"会释放最大价值？

林夕删除"必须每天亲自检查孩子作业"，改为每周二、四由丈夫检查，每周新增 5 小时自由时间可以用于阅读和学习，焦虑感明显降低。

第二，哪些活动是"充电"，哪些活动是"耗电"？

如果将耗电事项减少 50%，你能创造怎样的新可能？

林夕重新谈判工作边界，将"替下属改方案"这件消耗能量的事情改为"为下属提供技能培训 + 审核节点"，节省时间的同时，也更好地保留了自己的能量专注在人才培养和发展上。

第三，什么是你愿用一生守护的"不可协商项"？

你可以用我在前文分享的方法找到 10 个价值观关键词，然后排序，并逐一删除至仅剩 3 个；再从中忍痛删除 1 个，保留 2 个。

林夕最初保留了"关系、成长、认可"。删除"认可"后，她突然意识到原来自己一直活在别人的认可中。

你的人生剧本不需要他人颁发"许可证"。就像《飘》中郝思嘉扯下天鹅绒窗帘做新裙，"我本位"的终极奥义从来不是精致利己，而是以自我为圆心，画出一个半径足够长的生存圈。当你在日记本写下第一个"我"字时，当你在会议桌前提及"我的观点"时，当你对无理要求说出"我不愿意"时……每个这样的瞬间都在为自己点燃一盏小小的灯。

建立"我本位"的内心秩序，不是用自私对抗世界，而是像修复古籍的匠人用金箔填补被他人注释覆盖的原文。当你在超市拿起丈夫最爱的黑咖啡时，请记得也为自己选一盒洋甘菊茶包；当会议桌再次响起"小林最好说话"时，让这句话成为宣言，而非枷锁："是的，我选择对真实的自己保持忠诚。"

你的名字不是角色清单的脚注，而是生命故事的标题。此时，你可以写下："本故事的最终解释权归我所有。"

> **本节思考题**
>
> - 如果用 1 ~ 10 分衡量你此时的"我本位"状态（0 分表示完全为他人而活，10 分表示全然自主），你会打几分？
> - 这个当下你最需要回归"我本位"的领域是什么？
> - 假设你的人生导航已偏离自我核心路线，你是否重新规划路径？你真正想输入的目标坐标是什么？

7.2 除了自己，你改变不了任何人

晚上 10 点时的客厅像一个微型战场，倩倩正对着电脑屏幕深呼吸。这是她花了上万元参加的"高情商沟通训练营"后带回的"情绪管理工具包"，第 17 页 PPT 上醒目标注着："用非暴力沟通公式影响家庭成员！"她反复默念着"观察—感受—需要—请求"四步法，目光灼灼地盯着沙发上打游戏的丈夫说道："我观察到你在游戏上花了 4 小时，感到非常失望，我需要你关注我的情感需求，请你明天开始每天和我散步半小时。"背诵完这段标准话术，她感觉到自己发颤的尾音背后是即将爆发的委屈，眼前突然浮现 3 年前装修新房的场景。那时她坚持砸掉承重墙做开放式厨房，但此时却在用更危险的方式拆除亲密关系里的"心理承重墙"。

丈夫头也不抬地说了句："你上个月学理财课让我买基金亏了

5 万元，上周学心理学逼我去做 MBTI 测试，现在又要散步……要不你先用这些课教教自己别乱花钱？"

所有试图改造他人的努力，都是在他人的地基上强修违章建筑。

我们误以为亲密关系是橡皮泥，却忘了对方是带着棱角的活火山。据我的观察，参加内在成长、情绪和关系修复课程的女性中，超过半数的女性会优先要求伴侣和家人实践课程内容，将新学习的沟通工具、情绪管理方法变成改造伴侣的武器。所以，情况可想而知，这种"知识转嫁"通常都会遭遇伴侣和家人的抵触，引发家庭冲突，既磨损关系，又消解自我成长的真实价值。

当倩倩的丈夫说出"你先用这些课教教自己别乱花钱"时，那个瞬间的杀伤力不亚于承重墙倒塌。当举着"为你好"的蓝图强拆他人的精神世界时，却从不肯承认：真正的成长不是装修，而是地质勘探——要深挖自己的矿脉，而不是在他人的领地违规施工。如果试图用新工具改造旧关系，而没有改变自己，就只会困在更深的挫败里。

这种挫败的背后潜藏着 3 个认知暗礁。

暗礁一：错把"改变他人"当"解题草稿纸"。

倩倩要求伴侣上课、参加测试、学习新的沟通法，希望丈夫的改变解决他们在亲密关系中的挑战；新手妈妈把婴儿睡眠指南塞给婆婆，实则是转移育儿失控的恐慌；项目总监强迫下属使用新学的"敏捷工作法"，本质是在回避团队业绩下滑的焦虑。当我们把自己的成长课题外化成他人需要改变的任务时，就如同溺水者递救生圈，自己却拒绝上岸。

大脑的奖赏系统会在"指导他人"时分泌多巴胺，这种伪装成就感让我们沉迷于当"人生教练"；而面对自我改变的需求时则会触发恐惧反应，让真正的成长课题在后台持续死机。因此，指责他人成为比反省自己更"舒适"的选择，由此荒废了自己的主场。

暗礁二：关系中的隐形控制欲。

"我都是为你好"的本质是用他人的改变证明自己的掌控力。当我们说"你应该健身"时，真正恐惧的是自己成为关系中的失败者；那些按成功学模板规划孩子兴趣班的母亲，实则在填补自我价值感的空洞。

试图改变他人的程度与自我失控感成正相关。我们想改变他人的努力，不过是想证明自己仍有掌控力。

暗礁三：成长路径的认知倒置。

人们容易将"自我提升"等同于"改变他人的能力"。报名沟通课是想让家人学会倾听，考心理咨询师是为了治愈原生家庭，甚至健身都暗含着"让同事尊重我"的期待。这种工具化成长，让本该向内探索的旅程变成了对外征伐的战役。

这不是成长，而是给灵魂戴上面具参加假面舞会。一位负责线上课程后台管理的朋友告诉我：类似"如何影响他人"类课程的完课率不足 20%，却是复购率最高的品类。人们在失败中循环购买幻觉，就像买了不断漏气的救生圈。

承认自己永远叫不醒装睡的人。从改变他人到成为变量，才是我们认知升维的关键。当你凝视深渊时，深渊正在被改变。

"观察者效应"在人际关系中同样成立。当小薇停止劝说丈夫戒烟去健身房锻炼，转而每天在家跟随视频练习八段锦时，3个月后丈夫主动加入八段锦的晨练。这不是妥协，而是她创造的"健康能量场"引发的量子纠缠。

当我们的自我改变具有足够的强度与持续性时，环境必将作出响应。

你才是所有关系的母版，所有关系都是你内在状态的镜像反应。

以前杨颖总试图纠正母亲乱买保健品的习惯，直到她开始直播自己的科学养生日常。某天打开母亲的手机，她发现母亲购物车里的磁疗枕变成了钙片，而收藏夹新增了她的直播回放。教育父母最好的方式是活成让他们好奇的生命样本。

心理学家阿德勒的"课题分离"理论在数字时代有了新注解——让我们启动观察者模式。当同事推诿工作时，你要问自己："这是谁的能力课题？"当父母催婚时，你要问自己："这是谁的生命课题？"

现在，你已经知道自己才是改变的变量，那么如何才能从"改变他人"到"自我领导力"呢？以下 3 个工具可以帮助你进行思维迁移的刻意练习。

第一个工具：角色抽离实验（7 天行动）。

步骤如下。

1. 列出 3 个你最想改变他人的行为（如"丈夫不做家务"）。

2. 前 3 天，每天用第三人称记录："当（谁）做（什么）时，我的感受是（　　　），我做了（　　　）反应。"

3. 从第 4 天起，停止所有行为的反应，只是观察（例如，丈夫不做家务时不再唠叨或代劳）。

观察自己和他人，只是在观察中而不做任何自动化反应时有哪些变化。把"你能不能……"改为"我希望……"例如，把"你能不能早回家"改为"我希望每周三全家一起吃晚饭"。当他人做出你期待的行为时，请具体赞美，而非默认。例如，"你主动倒垃圾让我很惊喜，谢谢你的体贴。"

第二个工具：影响力同心圆（见图 7-1）。

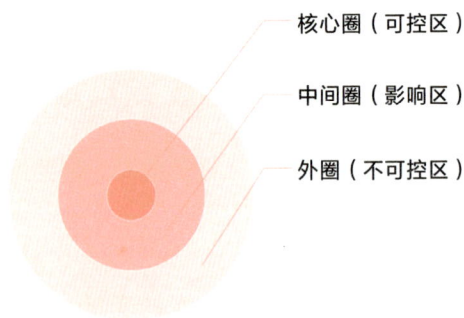

核心圈（可控区）

中间圈（影响区）

外圈（不可控区）

图 7-1　影响力同心圆

1. 核心圈（可控区）：只关注自己的行为、情绪、价值观。

2. 中间圈（影响区）：通过自我改变间接影响他人（如用行动示范，而非语言说教）。

3. 外圈（不可控区）：如他人的选择、天气、环境、经济形势等。

以自身为圆心，他人改变的可能性随距离递减。最佳干预半径是自身皮肤表层，正如香奈儿女士所言："我的生活不曾取悦我，所以我创造了自己的生活。"在语言上，我们可以试着把"你应该"替换为"我正在"。例如，当丈夫抱怨工作时，我们不再说"你应该学习情绪管理"，转而说："我正在练习非暴力沟通，你愿意听听我的新发现吗？"

把能量聚焦在每天用 80% 的精力深耕核心圈（自我成长），用 20% 的精力经营中间圈。

第三个工具："如果—那么"行为契约。

使用这样的（内在）对话模板：当（他人行为）发生时，我将选择（自我行为），因为（价值关联）。

例如，当女儿抱怨"妈妈总不在家"时，我将选择"周五晚 8 点陪你看《哈利·波特》，因为'陪伴质量比时长更重要'"，而非"妈妈加班是为了给你买学区房"。

真正的影响力不是让万物按照你的方向生长，而是提供滋养，让每颗种子找到自己的时区。

改变他人是死胡同，自我进化才是通天塔。所有关系都是你内在状态的引力场。当你在家长群看到妈妈们争论"哪种教育模式更好"时，不妨退出对话框，给自己泡杯玫瑰茶。所有对他人的苦口婆心都是对自我生命的变相浪费，不如把用来敲打别人的锤子熔铸成攀登自我巅峰的冰镐——你要征服的从来不是他人的山峰，而是自己体内那条生生不息的矿脉。

改变自己不是妥协，而是最高阶的战略布局。就像围棋高手从不纠缠局部厮杀，当你在自我成长的星位落子时，整盘关系的棋局终将为你呈现最美的活棋。

🔍 **本节思考题**

- 你是否有"改造他人"的执念？它寄生在哪些关系场景中？
- 假设你的影响力同心圆正在发射能量波，哪项自我改变最能引发他人的"量子纠缠"？
- 记录你对他人的"改造建议"，将主语替换成"我"，这些建议中有哪些会令你心跳加速？

7.3 你不需要所有人的认可，只用关注自己的成长

我曾在网上看到一段非常契合我想表达的观点的文字："只

要你不关注周围任何人的动态，不揣测任何人的想法，不问别人谁说你的坏话，只要不设想一些还没发生的事情的不好结果，你会发现其实你真的很幸福。"

原来幸福是一道减法题，而世人都在错误的加法里耗尽余生。

❀ 在自己的土壤扎根，而非在他人的目光里飘摇。

玲子：我去年退休到现在正好一年。那之前我在外企工作很忙，突然退下来，觉得不太适应，所以我会主动找事情做。非常幸运，我没有空档期，紧接着开始做了咨询的工作。这个阶段，工作对我来说是一种乐趣。所以，能做的事情，我都会去做，也得到了大家的认可。但后来我发现自己的事情越来越多，太辛苦了，我感觉这样支撑不下去。

我：刚才你提到了一个词叫"认可"。

玲子：嗯。

我：在你的生命中，认可意味着什么？

玲子：我觉得意味着价值，我在服务客户时是真的希望他们好。所以，当他们找到我时，我只是觉得以我的经验和我看到的东西，就跟他们说了一下可能存在的问题。我没有考虑那个是不是我的服务范围。我觉得这不是什么问题，就像同事之间也会聊天。但问题是后面我为什么还要帮忙推进？

我：为什么呢？

玲子：因为我不愿意拒绝呀。我担心之前努力维护的关系就断了，好像我心里很怕失去别人的认可。

我：那你这种怕失去认可的状态，和前面你提到的支撑不下去的状态，哪个更重要？

玲子：我觉得都挺重要的。

我：那怎么办呢？

玲子：我也很苦恼，确实没想明白自己到底想要抓住什么。内心深处可能还有一个东西，就是不愿意让别人说我。如果我说"我不会，我不知道"，这种回复好像是对自己的不认可。

我：似乎又回到了"认可"？

玲子：嗯。

我：如果没有人认可你，你会认可自己的什么呢？

玲子：（沉默）

我：我在你的沉默中好像感受到一些情绪在流动？

玲子：好像我从来没有想过这个问题，刚才听到的时候心里咯噔一下。我太在意别人怎么看我了，我都不知道自己会认可什么（沉默）。可能是不服输吧（笑）！因为不能说不会，所以总是自己憋着一股劲儿学习，然后完成。

我：现在感觉怎么样？

> 玲子：感觉自己有点可笑。这么多年，居然浪费了这么多时
> 　　　间在别人对自己的看法上。

不要以为"认可"只是某个年龄才有的专属词语。回想我们字斟句酌的朋友圈、反复检查的妆容、家长群的表演式互动、不能拒绝的请求，这些被占据的时间碎片足够让零基础者在 3 年内掌握一门外语，或写完 3 本长篇小说。

量子力学中有一个残酷的真相：观察行为本身就在改变观察对象。当你过分关注或揣测他人时，不仅消耗了自己的精神能量，还可能无意中增强了对方的能量场（例如，让对方感到更自信或有影响力）。也就是说，你越关注别人，越揣测别人，就越容易消耗自己的能量，同时可能无意中提升了对方的能量。所以，有时候"少关注别人，多关注自己"是一种更明智的选择。

为什么你的能量总是被"吸走"呢？

注意力是流动的黄金。人的心神就像限量发行的金矿，你凝视谁，金砂就流向谁。当你关注同事升职、闺蜜离婚、家长群攀比时，能量会与对方形成隐形脐带——就像股民紧盯大盘时，真正涨跌的永远是自己的血压。我们不自觉地陷入比较，无意间活成了他人生活的纪录片导演，却把自己的剧本写成注脚。

我们总在等观众鼓掌，却忘了生命本是独幕剧。当你不再执着于他人的评价，不再强求外界的掌声，不再为不属于自己的责任焦虑时，生命便会在自我浇灌中蓬勃生长。原来困住我们的从

来不是外界，而是内心不断向外索取的认同饥渴。

真正阻碍生命绽放的，往往是我们对完美人设的虚妄追逐。就像藤蔓植物总想攀附每面墙壁，终会失去向上生长的力量。当我们停止在他人的目光里寻找存在感时，那些"我是否足够优秀""会怎么看我"的自我审判便逐渐消散。如同职场新人不再因上司的皱眉而整夜失眠，创作者不再为负面评价删改作品内核，当同事聚会时不再强颜欢笑，当家族聚会时不再表演孝顺模板……那种轻盈感会让你诧异：原来生命本不必活在角色扮演里。

心理学家欧文·亚隆说过："我们终将意识到，观众席上其实空无一人。"那些想象中注视我们的目光，不过是内心剧场投射的幻影。

人际关系中的精神内耗，本质是自我价值感的错位。就像对话中的玲子，为了维护想要的同事关系，自己苦苦支撑，不敢拒绝。当我们将价值标尺交给外界时，就会陷入"如果我说不会就是认输，就会失去认可""发消息未获回复，就怀疑被孤立""朋友圈点赞数少，就否定自我"的怪圈。就像总盯着邻居花园的园丁，终会荒芜自己的沃土。

觉醒始于认知重构，你的存在本身就有不可替代的价值。心理学研究显示，成年人社交关系中真正能产生深度影响的他人不超过 15 位。与其耗费 80% 的精力维护泛泛之交的认可，不如专注于跟他人建立滋养性关系。就像树木不会为每片落叶哀叹，而是将养分输送给维持生命的根系。

《人类简史》作者赫拉利曾说："21 世纪最稀缺的不是信息，而是凝聚注意力的能力。"那些真正掌控能量主权的女性，都深谙"主动屏蔽"的智慧。

还记得在前文中，我曾分享过自己主动屏蔽那些不想接收的信息。这不是骄傲和自负，而是我主动选择把注意力放在更有价值的事情上。从"关注他人认可"到"专注自我"的跨越，不是非此即彼的切割，而是认知系统的版本升级，用更高效的算法运行人生程序。

女性自我成长可以关注以下六大聚焦点。

- 深耕专业能力：从"被需要"到"不可替代"。在充满不确定性的时代，专业能力是我们最优雅的武器。

- 修炼情绪智慧：成为内在风暴的领航员。情绪不是敌人，而是边界探测器。例如，焦虑可能提示我们过度付出。当焦虑来袭时，我们可以问自己："什么引发了我的情绪？""这个情绪在保护我什么？"请记住：他人评价是"他的课题"，我的感受是"我的课题"。

- 唤醒身体觉知：打开被封印的内在密码。身体是灵魂的圣殿，疼痛是我们未读的预警邮件。我们可以每天对自己的身体说说话，从脚趾到头皮依次放松，识别压力储存区，试着开发自己的"身体信号说明书"（例如，胃部紧缩可能意味着过度承担，肩颈僵硬意味着边界失守等），还可以建立自己的"运动处方"，选择非竞争性的运动（如舞蹈、徒步）重建身体正向连接。

- **艺术性表达：雕刻生命的立体维度**。艺术是女性与宇宙对话的密语。艺术创作时，大脑的活跃度有大幅提升，潜意识宝藏会被解锁。每周给自己一些时间做"非语言沟通"的创作，如自由写作、即兴戏剧都是不错的选择。

- **认知领土扩张：突破思维楚门的世界**。认知半径决定人生圆周的大小。每年解锁几个陌生领域（如 AI、量子物理、品茶、戏剧理论）；把从不同领域学到的知识"嫁接"到自己的工作领域，用实践带动认知提升；建立"认知断代"，每隔一段时间"迭代"一次内在观念。

- **能量管理：在熵增宇宙中构建秩序绿洲**。对于每个人来说，能量都是比时间更稀缺的战略资源。过去，我们把很大一部分能量消耗在核心事务上，如 1 小时的闲聊、没有营养的关系；现在，你可以建立自己的能量补给站，如音乐疗愈歌单、能量零食包、独处角。因为时间对于每个人来说都是同样的货币，但能量却是差异化的汇率。

生命的丰盛来自向内求索。当你把对外索取的触角收回，转而深耕自己的精神原野时，那些曾让你痛苦的比较与失落都会化作滋养心灵的春雨。正如《瓦尔登湖》中梭罗的觉醒："我们终此一生，就是要摆脱他人的期待，找到真正的自己。"生命的终极自由是发现观众席上从未有他人，那些我们曾拼命取悦的不过是内心剧场雇来的临时演员。当你亲手拆除这座精神影棚时，就会发现真正的你从来不需要追光，因为你本身就是光源。

🔍 **本节思考题**

- 如果失去所有社会标签（母亲、职场人士、志愿者），你会用哪 3 个词定义自己？
- 今天你消耗的能量中有多少真正滋养了自己，又有多少喂养了他人的期待？
- 如果只能做一件事宣告"我开始关注自己"，这件事会是什么？

7.4　每一段旅程的出发点都是自己的心

有人说："只有在并不是真的爱自己所做的事情时，你才会以成功或失败的观点考虑事情。你必须亲自发现什么是你爱做的事情，不要从适应社会的角度选择职业，因为那将使你永远无法弄清楚自己到底喜欢什么。"

每当小米开发布会时，你会发现几乎每一场发布会都贯穿了一个东西，叫作"初心"。以小米 SU7 为例，雷军的初心是造一台价格在 50 万元以内最好看、最好开、最智能的轿车，更是一台高品质的车。雷军将 SU7 视为"人生最后一次重大创业项目"，并在发布会上坦言："我愿意压上人生全部的声誉和成就，为小米汽车而战。"从金山软件到小米手机，再到小米汽车，他始终在践行"用科技改变世界"的初心。雷军特别强调 SU7 的设计理念："我们不是在造车，而是在打造承载用户梦想的移动空间。"

当他说这句话时，我清楚地看到：所有伟大的创造，本质上都是把初心翻译成现实的过程。这种翻译器不在实验室，而在每个普通人的胸腔里跳动着。

就像下面对话中的 Sisi，一位迷失在职业规划的白领，当她终于停止思考"哪条路适合自己"，转而感受内心"想开书屋"的痕迹时，那些困扰她的焦虑突然有了答案。

> ❋ **我们已经走得太远，以至于忘记了为什么出发。**
>
> Sisi：我今天的议题是关于要不要辞职。我现在在体制内的工作很稳定，但工资很低。我在这个岗位上大概工作 7 年了。最近两年，我时常有一种很强烈的想要辞职的冲动，但还是有很多纠结，没有勇气说出来。在这种纠结中，我自己有副业，也不能全身心投入去做。所以，我就想看看怎么能在纠结中理出一条路来吧。
>
> 我：这条路通向哪里呢？
>
> Sisi：目前好像不清晰，只是时常感觉心慌。

我：我很好奇，在如此稳定的工作环境中，你的心在慌什么？

Sisi：在我工作的场所，隔壁几个办公室是一些年龄偏大的姐姐们，大概都是 40 多岁，或者接近退休的年龄。每次看到她们的状态，我就很心慌，好像看到了 10 年后的自己。我不想让自己活成她们的样子，每天讨论的就是婆婆、家庭和孩子。我自己办公室有几位同事可能稍微积极向上一点，会学一些东西，但大部分还是非常安逸的状态。所以，我感觉像照镜子，看见她们就想到自己现在也是这种状态。我不想在这个环境里继续下去，但内心好像还有一个拖后腿的声音说："哎，你现在挺好的啊，很稳定。你看很多人挤破头想进来，虽然工资不高，但像你这种在四线城市的，这种情况已经很好了。"所以，我好像没办法自己跨越那个安逸的部分。

我：你觉得这个拖后腿的力量，真正拖住你的是什么？

Sisi：可能有不自信的部分，还有自我否定。或者说我本来就是这样的人，从小很多事情都由父母安排好了，也很安逸。我会觉得自己可能就是这样，所以即使辞职了也可能做不好。还有不安全感吧，好像脱离一个地方就没有抓手了，好像不知道自己要做什么。

我：那今天你想收获的是什么呢？

Sisi：还是那条路吧，我想确定自己内心真正想走的路是什么样的。如果确定了，我觉得其实什么辞职啊，需不需要勇气啊，好像都不是问题。

我：那你现在在这条路的什么位置？

Sisi：我觉得有点像起点，就在起跑线的位置。很奇怪啊，我说了起跑线，为什么是跑呢？

我：为什么？

Sisi：好像自己挺着急去做出一些改变和实现一些东西，或者说我不想走路，想跑着。

我：跑起来之后，那个安全感怎样了？

Sisi：我觉得它还挺强大的。刚才我在想的时候就试图甩掉它，但好像甩不掉，它就像一个附着物、一个阻碍。

我：既然你已经在起跑线上了，你觉得通往未来的路有什么特点？

Sisi：我觉得肯定跟现在不一样，可能不平坦吧。

我：那跟以前的路相比，你会看见哪些不一样的风景呢？

Sisi：我觉得首先是时间上的自由，再就是财务上的。嗯，这个不知道，但我觉得还是有希望的。还有什么？嗯，还有就是另一种生活方式，这个可能跟时间自由有关系。我突然想到我曾经很想开一个书屋，既可以学习，又可以跟很多人建立关系。

我：嗯，这条路上还有什么？

Sisi：开心、快乐、鲜花和掌声。

我：这些东西是哪里来的？

Sisi：是啊，自己给自己的吧。

　我：那在这条路上，你真正突破了什么才会收到这些呢？

Sisi：你知道那种牢笼吗？我有时候就会觉得自己好像在牢笼里面，我被圈在里面，其实是自己给的。之前一想到这个，我就觉得好像很难做到。但现在我好像觉得马上就要冲出那个牢笼了，就是那个限制。其实，当想到那个书屋时，我好像多了一些勇气。

　我：现在感觉如何？

Sisi：感觉好像那条路更清晰了，至少我看见了很多内在的东西。

　我：这份清晰是怎么出现的？

Sisi：当我提到那个书屋时，内心好像有些触动。不是有句话叫作"我们已经走得太远，以至于忘了为什么出发"吗？

　我：这句话跟你今天的议题有什么关系？

Sisi：嗯，前面我说想看清那条路，其实我心里隐约有答案，只是我习惯性忽略它的声音。如果我没有看清自己的心，辞职可能也只是一种逃避吧。

　　当我们将注意力从外在的追逐转向内在的觉察时，生命自会展现它本有的圆满。所有的冲突与矛盾，不过是提醒我们回归本心的路标。如果你还记得我在前文曾分享过自己的创业故事，就是一个从"心"出发的决定。试想那些你人生中曾经后悔的决定，有多少是因为你没有从"心"出发？

能量守恒的真相告诉我们：那些"应该"的妥协、"必须"的伪装，终将汇聚成吞噬生命力的黑洞；每违背本心一次，灵魂便多一道裂痕。我们长期压抑自己的真实需求，忽视内心的声音，就会陷入自洽的逻辑中，感受不到快乐。

我们的生命深处都藏着一座未被勘探的"心灵驾驶舱"，那里或许停泊着被职场 KPI 掩埋的创作欲，封存着被社会时钟掐灭的冒险火种，甚至沉睡着少女时代写进日记的星辰大海。正如小米汽车用智能系统重新定义驾驶体验，我们能否以"心"为操作系统重写人生的底层代码呢？就像地球围绕太阳公转的同时必须自转，人生唯有以自我为轴心，才能形成稳定的引力场。

如何听见心跳的声音？不妨通过回答以下 3 个问题来感知。

第一个问题：当你面临职业转型或婚姻抉择等重大决定时，身体哪个部位会率先给出"YES"或"NO"的信号？这种信号与头脑的理性分析是否一致？

第二个问题：这个选择让我的心更轻盈，还是更沉重？

身体是最诚实的翻译器，它早在大脑说服自己前就已通过心跳、呼吸写下答案。

第三个问题：在家庭聚会、职场会议等高频场景中，你经常压抑的情绪是什么？这种压抑让你获得了什么，又失去了什么？

每一次情绪的隐忍都是心灵在投递"我需要被听见"的加急信件，可惜多数人连信封都未拆开。

人生每一段旅程的出发点都应该是自己的心，一段关系、一份职业、一个选择、一次旅行，都是如此。世界是一座镜城，所有看似向外的求索，最终都指向内心的圣殿。那些被社会时钟催促的奔跑、被他人期待绑架的妥协、被恐惧浇灭的火种，终将在某个午夜梦回时化作叩问心门的钟声。

从"被认可驱动"到"心驱动"是我们挣脱集体规训的终极解放。当我们学会让心跳成为人生的定音鼓时，职场的提案、家庭的对话、自我的探索都将化作生命的交响诗。在他人的掌声中，你可能成为优秀的演员；但在自己的心跳里，你终将成为伟大的作曲家。

这正是"内在赢家"的终极答案：真正的胜利是听见自己的声音，并让世界听见它的回响。

致所有平凡而闪耀的女性

亲爱的，

那些未读的消息、待办事项、社交动态，

都不如锁屏照片里你的笑容来得重要。

从此时起，

试着在超市购物车放进一件"无用的浪漫"，

在加班文档里藏一句给自己的情诗，

在家长群通知中夹带私货。

这些微小的"自私"不是任性，

而是向宇宙发送的定位信号：

"我在这里，我值得被看见。"

所有让你心动的选择，

都会让世界更生动一分。

因为真正的女性力量，

从来不是活成标杆，

而是让每个平凡的日子，

都长出独特的星光。

当我写下这本书的最后一节正文时，窗外的海棠花正打着旋儿飘落。这让我想起第 3 章里那个关于"柔软成长"的隐喻——真正的成熟不是变得坚硬如铁，而是像花般舒展，在四季轮回中听见自己的年轮。

当你在职场强忍不适说着"我没事"，在深夜刷遍朋友圈寻找存在感，在婚姻里扮演永不断电的贤妻良母……那些细碎的自我割裂，终会在某个黎明前反噬成经期紊乱、偏头痛与无名焦虑。这不是命运惩罚，而是灵魂在用躯体发电报：所有不向心的选择，都是对生命的暴力拆迁。

从第 1 章"凭感觉寻找人生目标"的灵魂叩问，到第 7 章"出发点都是自己的心"的终极觉醒，本书试图构建完整的女性成长光谱。我们穿越的不仅是章节的序列，更是层层剥落社会茧房、直抵心灵原力的觉醒之旅。

书中所有的对话和方法，最终都指向同一个真理——你才是自己人生的首席架构师。就像第 4 章强调的："两点之间直线距离最短"，当我们停止用他人的标尺丈量人生，就能启动属于自己的能量风水。

本书的每个字，都是我从职场转型创业路上收集的星火。它们曾照亮我走出高档写字楼，在 40 岁"高龄"开启追随我心的第二人生。现在，这些星火交还给你，愿它们点燃你心底那簇被现实暂时掩埋的火焰，烧毁所有"必须如此"的枷锁，熔铸出属于你的自由王冠。

内在赢家的终极奥义不过是 8 个字：**以心为尺，向光而行**。女性最性感的时刻不是踩着高跟鞋征服世界，而是赤足站在自己选择的土地上，对宇宙说："我在此处，如其所是。"

日常修炼功课：
大日记——锻炼"清醒"的头脑

当我将"大日记"命名为本书的终极修炼时，这个"大"字绝非简单的篇幅叠加，而是一场关于"意识扩容"的革命。它不是传统日记的情绪宣泄场，而是一座立体的心灵观测站，更是生命实相的全息投影。大日记通过觉知 / 观察、臣服、心智和归心的四维镜像（见图 7-2），让你在文字的显影液中照见认知的盲区与潜能的经络。

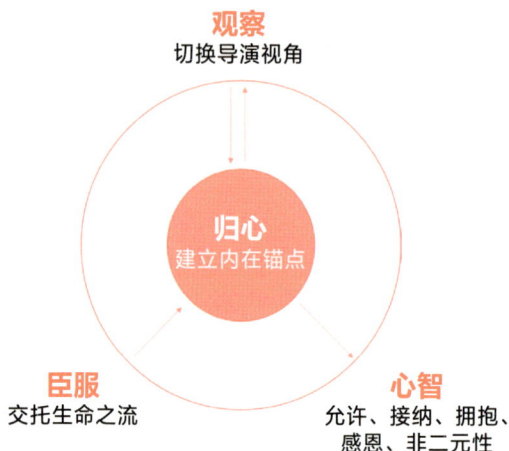

图 7-2 "大日记"写作模型

接下来，请跟随我的指引，了解如何运用"大日记"模型帮助你洞察自己的内心。所有的文字和问题都是提示，你只需要写下每个维度的内容即可，不用考虑逻辑及文字是否优美。

1. 归心：建立我的内在锚点

无论我观察到什么、感受到什么，它们都是我的真实感受。我知道自己是谁，我的需求是什么。记录你一天的情绪流动轨迹，把自己当成一本书来精读和细读。当外界变化时，什么是你内在如如不动的定海神针？

★ 提示问题

● 今天的哪句话让你产生"这就是我"的确认感？

● 身体哪个部位在发出"需要关注"或"需要暂停"的提示？

2. 通过观察与世界互动

我感到充实，因为我能够觉知周围的细节和丰富性。从窗外的风声到人们的笑声，我观察着生活中错综复杂的美，不带任何评判。现在发生的一切只是在温柔地提醒我注意到它们，我只需要记录下它们的存在。记录下 1 ~ 3 个细微的体验（如晨光在茶杯边缘的折射），标注今天你遇到的事件带给你的身体感受，以及任何情绪。

如果你观察到什么，请切换导演视角重新审视它。如果你可以将冲突场景拆解为电影镜头（如俯拍、特写、慢动作），你会看到什么？用一种颜色的笔记录事实，用另一种颜色的笔书写观察者旁白。

★　提示问题

- 今天你观察到什么，让你的内心变得平静或起伏？
- 如果给今天的困境配上背景音乐，会是哪种旋律？
- 用无人机视角俯瞰此时的难题，哪些念头显得荒诞？

3. 臣服：交托生命之流

我可以毫无抵抗地接纳一切，即使身处困境。当我向内在的"真我"臣服时，我感到自己很完整。就像我可以无条件向母亲交托我的信任，她也会用爱拥抱我。在这种臣服中，我感到轻松、自在，我的行动与内心保持一致。你可以试着给 3 个月后的自己写解决方案，或者对同一事件书写完全对立的两种叙事版本。

★　提示问题

- 今天信任你的内心，如何带给你平和或自由？

- 如果将此困境交给 10 年后的你处理，你会有什么不同的策略？

4. 心智：觉醒的不二之境

我允许和接纳当下的一切发生，我欢迎它们来到我身边，并感恩它们为我送上一份"礼物"。即使生活给予的是一份教训，我不再用单一的视角看待自己和这个世界，我相信这个世界不是非黑即白。我可以张开双臂欢迎它们，因为它们教会我成长、宽恕和爱。在这个空间里，我感受到与所有的人、事、物紧密相连。除了文字，你还可以在日记里用绘画的方式记录（例如，用缠绕画连接对立体验：爱与痛、成功与失败），感恩那些你曾经抗拒的人、事、物，努力发现其中的"礼物"（例如，感谢失眠带来的创作灵感）。

★ 提示问题

- 如果所有痛苦都是伪装的礼物，你愿拆开今天的哪份"恶意快递"？
- 当停止区分"好我 / 坏我"，哪些自我批判会变成幽默段子？
- 今天的什么教训或经历帮助你接纳和感恩？

你的日记本不是情绪垃圾桶，而是意识进化的反应堆。每个字迹都在重塑神经网络，每次托付都在扩建心灵容量。

当我们时刻带着回归内在锚点（归心）的确认、观察、臣服和广阔的心智对待生活时，每一刻都会变得有意义。让这份日记反映出你内心的丰富与美好。